U0626519

应用型本科 机械类专业"十三五"规划教材

电工与电子技术实验教程

主　编　陈　跃
副主编　徐宇宝　张建化
参　编　朱雷平　余　平
　　　　张　清　崔厚梅

西安电子科技大学出版社

内 容 简 介

本书以电工技术和电子技术理论教学为基础,以提高学生电学实践能力为目标,编排了电工技术、电子技术和电路综合设计方面的实验内容,力求实验内容既具有一定的针对性,又具有一定的通用性。全书共分为6章,前3章主要讲述了电工与电子技术实验的一些基本知识,包括绪论、常用电子元器件简介和实验数据处理的基本方法,介绍了常用实验仪器的特点和使用注意事项;第4章和第5章的内容与理论教学紧密结合,除了加深对理论知识理解的基础验证性实验外,还安排了一些设计性实验,加强对学生理论知识应用能力的培养;第6章为电路综合设计,将电工技术和电子技术知识综合起来,强化对学生相关知识的综合应用能力的训练。

本书结构清晰,内容丰富,可以作为理工类院校非电类专业的实验教材。

图书在版编目(CIP)数据

电工与电子技术实验教程/ 陈跃主编. —西安:
西安电子科技大学出版社,2016.2(2018.10 重印)
ISBN 978 - 7 - 5606 - 4004 - 4

Ⅰ. ①电… Ⅱ. ①陈… Ⅲ. ①电子技术—实践—高等学校—教材

Ⅳ. ①TM - 33②TN - 33

中国版本图书馆 CIP 数据核字(2016)第 011660 号

策划编辑　高樱
责任编辑　阎彬　宁晓蓉
出版发行　西安电子科技大学出版社(西安市太白南路 2 号)
电　　话　(029)88242885　88201467　　邮　编　710071
网　　址　www.xduph.com　　　　　　电子邮箱：xdupfxb001@163.com
经　　销　新华书店
印刷单位　陕西利达印务有限责任公司
版　　次　2016 年 3 月第 1 版　2018 年 10 月第 2 次印刷
开　　本　787 毫米×1092 毫米　1/16　印张 10.5
字　　数　243 千字
印　　数　3001～6000 册
定　　价　24.00 元
ISBN　978 - 7 - 5606 - 4004 - 4/TM

XDUP　4296001 - 2

应用型本科机械类专业系列教材
编审专家委员名单

主　任：张　杰（南京工程学院　机械工程学院　院长/教授）

副主任：陈　南（三江学院　机械学院　院长/教授）

丁红燕（淮阴工学院　机械与材料工程学院　院长/教授）

郭兰中（常熟理工学院　机械工程学院　院长/教授）

花国然（南通大学　机械工程学院　副院长/教授）

张晓东（皖西学院　机电学院　院长/教授）

成　员：（按姓氏拼音排列）

陈劲松（淮海工学院　机械学院　副院长/副教授）

胡爱萍（常州大学　机械工程学院　副院长/教授）

刘春节（常州工学院　机电工程学院　副院长/副教授）

刘　平（上海第二工业大学　机电工程学院　教授）

茅　健（上海工程技术大学　机械工程学院　副院长/副教授）

唐友亮　（宿迁学院　机电工程系　副主任/副教授）

王树臣（徐州工程学院　机电工程学院　副院长/教授）

王书林（南京工程学院　汽车与轨道交通学院　副院长/副教授）

温宏愿（南京理工大学泰州科技学院　智能制造学院　院长/副教授）

吴懋亮（上海电力学院　能源与机械工程学院　副院长/副教授）

许德章（安徽工程大学　机械与汽车工程学院　院长/教授）

许泽银（合肥学院　机械工程系　主任/副教授）

周　海（盐城工学院　机械工程学院　院长/教授）

周扩建（金陵科技学院　机电工程学院　副院长/副教授）

朱龙英（盐城工学院　汽车工程学院　院长/教授）

朱协彬（安徽工程大学　机械与汽车工程学院　副院长/教授）

前　言

　　电工技术与电子技术均为实践性很强的技术基础课，也是高等院校工科专业必修的学科基础课。实验教学是整个教学过程中非常重要的环节，对学生加深理论知识的理解、提高实践动手能力具有重要的作用。本书以培养学生实际操作技能、工程综合设计能力为目标，按照循序渐进、全面开放、自主实验的教学原则，从单一基础理论验证到电学理论的综合应用，从常用电子仪器的使用到综合电路的设计、连接和调试，将电工技术实训和电子技术实训相结合，实现对学生在电路焊接、电路设计、电路调试、电路故障排查、仪器仪表使用以及实验数据分析方面的训练，培养学生的实际操作技能和对理论知识的综合应用能力。

　　本书共分为6章，第1章为绪论部分，主要讲述了电工与电子技术实验的相关要求和实验的注意事项。第2章为常用电子元器件与仪器设备，介绍了常用电子元器件的类型、功能和使用注意事项，介绍了常用电子仪器的功能、特点和使用注意事项，学生在实验课程开始前要详细阅读本章内容，对常用实验仪器以及电子元器件有一个基本的认识和了解，为正确使用相关仪器和电子元器件打下基础。第3章为电气测量及数据处理方法，介绍了常用的电气测量方法和实验数据处理方法。不同的实验，测量方法和数据处理方法也各不相同，学生在对基本方法了解的基础上，可以根据实际实验和数据处理要求，灵活使用测量方法和数据处理方法。第4章和第5章是本书的中心内容，为电工技术实验和电子技术实验，几乎涵盖了电工技术和电子技术所有的实验内容，既有针对某一理论知识的验证性实验，也有应用多个知识的设计性试验。每个实验都给出了实验应该具备的基础知识，从实验原理出发，详尽讲述了实验内容和过程、实验数据记录要求和实验数据处理要求，并在最后给出针对实验的思考题，期望学生能积极分析思考并以实验电路验证自己的分析思考结果，切实加深对电学知识的理解和应用。第6章为电路综合设计，在电工技术实验和电子技术实验的基础上，以完成某一小型项目为目标，综合设计功能电路，进行电子元器件选择、电路制作、电路调试、故障排查等工作，使学生的电学知识综合应用和实验操作能力得到切实提高。第6章中每个项目功能均有不同的实现方法，书中只给出了实验要求和建议方案，学生可以根据自己的知识基础设计不同的电路来实现。

　　本书遵循电工技术和电子技术教学规律，符合电工技术与电子技术实验要求，目的明确。参与编写的人员在查阅大量资料并分析综合的基础上，结合高校工科非电类专业的教学要求，将自身的实践教学经验加入其中，力争使本书具有以下特色：

　　（1）实验内容丰富，可选择性强。在实验条件满足的前提下，可以根据知识点自由选择实验内容。实验难易程度合理，利于不同层次的学生选择不同的实验内容，尊重学生的自主性。

　　（2）强调通用性。针对实验中心通用设备，实验功能均以常用的电子元器件实现，在通用设备基础上只要简单增减外接线路即可实现。

（3）以验证性实验为基础，以综合性、设计性实验为提高。综合性、设计性实验选择较小的实用项目或以较为简单功能的电路为实现目标，将模拟电路、数字电路相结合，真正实现实验的综合性和设计性。

（4）强调实验指导性。启发学生分析问题、解决问题的思路，不以手把手按部就班的方式让学生完成实验为目的，而是指导学生以所学的理论知识为基础实现一定的电路功能，引导学生自主设计，给出可能遇到问题的解决方法，让学生在发现问题、解决问题的过程中加深对理论知识的理解，同时加深对电子元器件和电路的认识，掌握实际电路的设计方法。

（5）本书内容全面，是一本较为通用的教材，不同专业可根据自己的需要选择不同的实验内容。

本书第1章、第2章和第3章由陈跃编写，第4章由张建化和朱雷平编写，第5章由徐宇宝和余平编写，第6章由陈跃和张建化编写，在此对各位编写人员的辛勤劳动表示衷心感谢。张清老师和崔厚梅老师也对教材的编写做了大量工作，给出了大量指导性意见，在此一并表示感谢。

由于编写人员能力有限，本书有些内容难免存在瑕疵，甚至会有错误之处，衷心希望读者特别是使用本书的教师和学生积极提出批评和改进意见，以便日后修订完善。

编者

2015 年 10 月

目 录

第 1 章 绪 论

1.1 概 述

电工技术和电子技术是工科类专业必修的专业基础课，又是实践性很强的课程，电工与电子技术实验教学是电工与电子技术教学中的重要环节。随着社会对应用型人才需求的提高，学生除了掌握必备的电工和电子技术理论知识外，切实掌握较高的实践技能，将理论与实践相结合，具备解决实际工程问题的能力显得尤为重要。本书从训练学生基本实验技能出发，在强化基本训练的基础上，设置了验证性实验、设计性实验、综合性实验以及电路综合设计，从单一基础理论验证到电学理论的综合应用，从常用电子仪器的使用到综合电路的设计、连接和调试，并和电工技术实训和电子技术实训相结合，实现对学生在电路焊接、电路设计、电路调试、电路故障排查、仪器仪表使用以及实验数据分析方面的训练。

1.2 实验室安全用电规则

（1）严格按照实验守则和仪器设备操作规程进行实验。

（2）实验前先检查用电设备，再接通电源；实验结束后，先关闭仪器设备电源，再关闭插座电源。

（3）做完实验或离开实验室要及时关闭总电源，确保实验装置不带电。

（4）若实验设备出现焦煳现象或出现异味，应立即关闭电源。

（5）电源或用电设备保险丝烧断，先检查保险丝烧断原因，排除故障后再按原规格更换合适的保险丝，不得随意用一根导线代替或者随意加大保险丝的规格。

（6）如遇触电情况，应立即切断电源，或用绝缘物体将触电者和电线分离，再实施抢救并报告相关工作人员。

（7）不要用潮湿的手接触用电设备。

（8）实验时，应先连接好电路再接通电源；实验结束时，先切断电源再拆线路。

（9）不能用试电笔去试高压电，使用高压电源应有专门的防护措施。

（10）未经允许不得打开含有高压变压器或电容器的电子仪器。

1.3 电工电子实验的总体要求和目的

1. 电工电子实验总体要求

（1）课前应进行必要的预习并写出预习报告，对实验内容要有详细的了解，否则不得参加实验。

（2）参加实验时应衣冠整洁，进入实验室后应保持安静，不要大声喧哗和打闹，妨碍他人学习和实验。不准吸烟，不准随地吐痰，不准乱扔纸屑与杂物。

（3）进行实验时必须严格遵守实验室的规章制度和仪器操作规程，认真听取老师的讲解，未听老师讲解的不得参加实验。爱护仪器设备，节约实验器材，未经许可不得乱动实验室的仪器设备。

（4）注意人身安全和设备安全。若仪器出现故障，要立即切断电源并向指导教师报告，以防故障扩大。待查明原因、排除故障之后才可继续进行实验。

（5）要以严格、认真的科学态度进行实验，结合所学理论，独立思考，分析研究实验现象和数据。

（6）实验完毕后必须收拾整理好自己使用的仪器设备，保持实验台整洁，填写实验仪器使用记录。在归还实验仪器后，才能离开。

2. 实验总体目的

电工电子技术实验是电学教学中的重要环节，在理论知识学习的基础上，通过实验，学生能够加深对电学知识的感性认识，熟练掌握电子仪器的使用方法，熟悉电子元器件的特性等。具体来说实验总体目的如下：

（1）加深对电学理论知识的掌握，一次实验的知识掌握效果好过多次理论讲解。

（2）熟练使用各种电子仪表和电子测量仪器，熟悉各种仪器的使用环境、使用注意事项、量程等。

（3）使学生了解更多的电子元器件相关知识，认识实际电子元器件，了解电子元器件的规格型号、性能特点、使用要求以及常用的电路等。

（4）训练学生实际动手能力，提高学生实践技能和分析问题、解决问题的能力，培养学生设计、连接（制作）电路，调试电路，分析电路故障和排除故障的能力。

（5）培养学生实验能力，明确每个实验的目的和要求，制订实验方案，设计实验电路，分析实验现象和数据，编写实验报告等。

（6）培养学生严谨认真的工作作风和实事求是的科学态度，为从事科研工作打好基础。

第 2 章 常用电子元器件与仪器设备

2.1 常用电子仪器仪表简介

1. 模拟示波器

1) 功能和特点

示波器是一种用途十分广泛的电子测量仪器,它能把肉眼看不见的电信号变换成看得见的图像,便于人们研究各种电现象的变化过程。它是观察电路实验现象、分析实验中的问题、测量实验结果必不可少的重要仪器。示波器按照电路原理的不同分为模拟示波器和数字存储示波器。

模拟示波器采用的是模拟电路(示波管),其电子枪向屏幕发射电子,发射的电子经聚焦形成电子束并打到屏幕上,屏幕的内表面涂有荧光物质,这样电子束打中的点就会发出光来。模拟示波器能在屏幕上以图形的方式显示信号电压随时间的变化,即波形,并能够测量信号周期、频率、幅值和相位等参数,是电子线路测量和仪器设备检修、维护必备的仪器。

模拟示波器的特点:

(1) 操作简单——全部操作都在面板上,波形反应及时。

(2) 垂直分辨率高——连续而且无限级,数字示波器分辨率一般只有 8 位至 10 位。

(3) 数据更新快——每秒捕捉几十万个波形,数字示波器每秒捕捉几十个波形。

(4) 实时带宽和实时显示——连续波形与单次波形的带宽相同,数字示波器的带宽与采样率密切相关,取样率不高时需借助内插计算,容易出现混淆波形。

2) 常用模拟示波器

模拟示波器生产厂家很多,功能也有一定差别,实验室常用的模拟示波器有台湾固纬模拟示波器、北京普源模拟示波器等。常见模拟示波器的型号和外形如图 2.1、图 2.2 所示。

图 2.1 台湾固纬 GOS - 620 20 MHz 模拟示波器

图 2.2 普源 DS5962M 模拟示波器

2. 数字存储示波器

1）功能和特点

数字示波器是采用数据采集、A/D 转换、软件编程等一系列的技术制造出来的高性能示波器。数字示波器的工作方式是通过模数转换器（ADC）把被测电压转换为数字信息。相较于普通模拟示波器，数字示波器除了能够显示和测量输入波形外，功能更多，使用更加方便，显示更加清晰稳定，自动化程度更高，能够记录复杂的信号波形并用于后期分析，能够存储数据和波形，并连接打印机直接打印结果，保存数据更加方便，还能够与 PC 通信进行数据传输。

数字示波器的特点：

（1）体积小、重量轻，便于携带，波形液晶显示。

（2）可以长期存储波形，并可以对存储的波形进行放大等多种操作和分析。

（3）特别适合测量单次和低频信号，测量低频信号时没有模拟示波器的闪烁现象。

（4）具有更多的触发方式。除了模拟示波器不具备的预触发，还有逻辑触发、脉冲宽度触发等。

（5）可以通过 GPIB、RS232、USB 接口同计算机、打印机、绘图仪连接，可以打印、存档、分析文件。

（6）有强大的波形处理能力。能自动测量频率、上升时间、脉冲宽度等很多参数。

（7）失真比较大。由于数字示波器是通过对波形采样来显示，采样点数越少失真越大，通常在水平方向有 512 个采样点，受到最大采样速率的限制，在最快扫描速度及其附近采样点更少，因此高速时失真更大。

（8）测量复杂信号的能力差。数字示波器的采样点数有限以及没有亮度的变化，使得很多波形细节信息无法显示出来，虽然有些可能具有两个或多个亮度层次，但这只是相对意义上的区别，再加上示波器有限的显示分辨率，使它仍然不能重现模拟显示的效果。

（9）可能出现假象和混淆波形。当采样时钟频率低于信号频率时，显示出的波形可能不是实际的频率和幅值。数字示波器的带宽与采样率密切相关，采样率不高时需借助内插计算，容易出现混淆波形。

2）常用数字存储示波器

数字存储示波器生产厂家主要有美国 Tektronix 公司、美国 Keysight 公司、中国台湾固纬公司、中国普源公司等。常见数字示波器的型号和外观如图 2.3～图 2.6 所示。

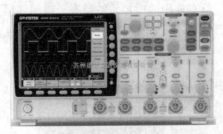

图 2.3　固纬 GDS3154 数字示波器

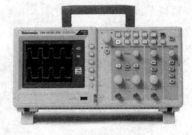

图 2.4　Tektronix 公司 TDS1000C－EDU 示波器

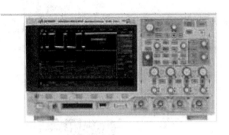 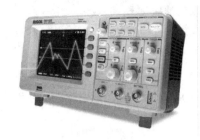

图 2.5　Keysight MSOX3014T 示波器　　　图 2.6　普源 1102E 数字示波器

3）示波器使用注意事项

（1）示波器探头在使用时，要保证地线夹子可靠接地（被测系统的地，非真正的大地），否则测量时，就会看到一个很大的 50 Hz 的信号，这是因为示波器的地线没连好，而感应到空间中的 50 Hz 工频市电而产生的。

（2）注意信号传输线的信号衰减挡位。当其拨到×1 挡时，表示无衰减（平时设置点）；拨到×10 挡时，表示衰减为原来的 1/10。通常在输入信号的频率过低时，它相应的周期会变得很大，这时就要先进行衰减再作测试，而测试结果必须提升 10 倍才是原来的波形值。

（3）测量建立时间短的脉冲信号和高频信号时，请尽量将探头的接地导线与被测点的位置邻近。接地导线过长，可能会引起振铃或过冲等波形失真。

（4）对于高压测试，要使用专用高压探头，分清楚正负极后，确认连接无误才能通电开始测量。

（5）当两个测试点都不处于接地电位时，要进行"浮动"测量，也称差分测量，要使用专业的差分探头。

（6）探头的输入阻抗要与所用示波器的输入阻抗匹配。

3. 万用表

1）功能和特点

万用表是一种多功能、多量程的便携式电工电子仪表。一般的万用表可以测量直流电压、直流电流、交流电压、交流电流、电阻等，有些还可以测量电容、电感、功率和三极管参数等。万用表简单易用，已成为电子电气工程师手中必不可少的工具。万用表主要有指针式万用表和数字万用表。指针式万用表以指针形式显示测量结果，数字万用表以数字形式显示测量结果。数字万用表具有测量速度快、精确度和灵敏度高、功能多、体积小、输入阻抗高等特点，已经逐步取代指针式万用表。

2）使用注意事项

（1）万用表在使用之前要进行调零操作，尤其是指针式万用表，需要机械调零，确保使用前指针指向零位置。数字式万用表一般有自动调零功能。

（2）指针式万用表使用时要水平放置，以免指针受重力影响造成偏转误差。

（3）万用表在使用中不要靠近强磁场，以免测量结果不准确。

（4）使用过程中不要用手触摸表笔金属部分，以免影响测量准确度。

（5）测量过程中不要改变万用表的挡位（量程），如需改变量程表笔要与被测点断开，改变量程后继续测量。

（6）万用表使用完毕要把挡位旋转到交流电压的最大挡位，或者直接关闭万用表电源；长期不用要把万用表电池取出来。

3）常用万用表

常用指针式万用表和数字式万用表外形分别如图 2.7、图 2.8 所示。

图 2.7　指针式万用表

图 2.8　数字式万用表

4. 函数信号发生器

1）功能和特点

在对信号进行处理或者测试电路功能时，往往需要为电路提供一定的信号，这就需要产生信号的仪器。函数信号发生器能够根据实验要求输出不同幅值、不同频率的多种波形，且输出信号稳定，使测试更加准确。不同的函数信号发生器输出波形种类也有所不同，但是一般情况下都能够输出正弦波、方波、脉冲波、三角波、锯齿波等，有些能够输出 AM 波及 FM 波、FSK、BPSK、BURST、扫频等 30 多种波形，能够满足各种测试要求，是生产、教学、科研等领域必备的设备。

2）使用注意事项

（1）函数信号发生器调试、维修时应有防静电装置，以免造成仪器受损。

（2）不要在高温、高压、潮湿、强振荡、强磁场、强辐射、易爆环境以及防雷电条件差、防尘条件差、温湿度变化大等场所使用和存放。

（3）在相对稳定的环境中使用，并提供良好的通风散热条件。校准测试时，测试仪器或其他设备的外壳应良好接地，以免意外损坏。

（4）当熔丝熔断后，应先排除成因故障。更换熔丝以前，必须将电源线与交流市电电源切断，把仪表和被测线路断开，关闭仪器电源，以避免受到电击或人身伤害，并仅可安装具有指定电流、电压和熔断速度等额定值的熔丝。

（5）信号发生器的负载不能存在高压、强辐射、强脉冲信号，以防止功率回输造成仪器的永久损坏。功率输出负载不要短路，以防止功放电路过载。当出现显示窗显示不正常、死机等现象时，一般情况下只要关机重新启动即可恢复正常。

（6）为了达到最佳效果，使用前要先预热一段时间。

3）常用函数信号发生器

函数信号发生器生产厂家很多，这里给出台湾固纬和南京新联电讯仪器有限公司的两款产品供学生认识，如图 2.9、图 2.10 所示。

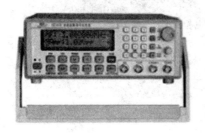 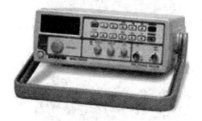

图 2.9　南京新联 EE1410 合成函数信号发生器　　图 2.10　台湾固纬 SFG1003 函数信号发生器

5. 直流稳压电源

1）功能

直流稳压电源是指能为负载提供稳定直流电源的电子装置。直流稳压电源的供电电源大都是交流电源，当交流供电电源的电压或负载电阻变化时，稳压器的直流输出电压都会保持稳定。

直流稳压电源有固定输出电压和可调输出电压，可以输出常用的固定电压，也可以根据需要调整输出不同的电压。一般来说直流稳压电源也带有稳流输出功能，即既能作为电压源，也可以作为电流源使用。有些稳压电源还同时提供两路串联工作和主从跟踪工作方式。稳压电源的电压显示表头有指针式和数字式。指针式表头指针反应迅速，指示电压直观；数字式表头直接显示电压数值，读数方便，但是需要进行数字处理，反应较慢。

2）使用注意事项

（1）根据所需要的电压，先进行粗调，即旋转"粗调"旋钮达到所需电压值附近，再通过"细调"旋钮调整到所需电压值。

（2）调节电压前要断开负载，调好电压后再接入，不可带负载调节电压（做改变电压对电路影响的实验除外）。

（3）在使用过程中，因负载短路或过载引起保护时，应首先断开负载，然后按"复原"按钮，也可重新开启电源，电压即可恢复正常工作，待排除故障后再接入负载。

（4）每路都有红、黑两个输出端子，红端子表示"＋"，黑端子表示"－"，中间有接地端，连接机壳。不要接错接线端子。

（5）两路电压可以串联使用，绝对不允许并联使用。连接电路时要确保输出端不短路连接。

（6）直流稳压电源有一定的输出电流限制，负载电路正常工作电流不要超过电压源的最大输出电流。

3）常用直流稳压电源

直流稳压电源生产厂家很多，输出电压和电流范围也差别很大，价格相差很多，这里给出两款供大家认识，如图 2.11、图 2.12 所示。

图 2.11　指针式双路输出直流稳压电源　　　　图 2.12　数显式双路输出直流稳压电源

2.2　常用电子元器件的识别

1. 电阻

电阻又名电阻器，是电路中应用最广泛的一种电子元件，在电子设备中约占元件总数的 30% 以上，其质量的好坏对电路工作的稳定性有很大影响，它的主要用途是稳定和调节电路中的电流和电压，其次还作为分流器和负载使用。电阻在电路中起到限流、分压等作用，电阻常用字母 R（Resistance）表示。电阻基本单位为 Ω（欧姆），还有 $k\Omega$（千欧）和 $M\Omega$（兆欧）。

1）常见电阻类型

（1）线绕电阻器：通用线绕电阻器、精密线绕电阻器、大功率线绕电阻器等。

（2）薄膜电阻器：碳膜电阻器、合成膜电阻器、金属膜电阻器、金属氧化膜电阻器、化学沉积膜电阻器和金属氮化膜电阻器等。

（3）实心电阻器：无机合成实心碳质电阻器、有机合成实心碳质电阻器等。

（4）敏感电阻器：压敏电阻器、热敏电阻器、气敏电阻器、光敏电阻器、湿敏电阻器等。

2）电阻选用和注意事项

要想正确地选择和使用电阻器，就需要掌握电阻器的各种特性。电阻器的主要性能参数有额定功率、允许误差、最高工作电压等。

（1）额定功率。电阻在电路中工作要消耗功率，如果电阻的额定功率小于在电路中的实际功率，则电阻容易迅速发热而烧坏，一般要选用额定功率是其在电路中消耗功率 2 倍的电阻。

（2）允许误差。根据电路需要选取误差合适的电阻。电阻误差范围有 $\pm 10\%$、$\pm 5\%$、$\pm 1\%$、$\pm 0.5\%$、$\pm 0.1\%$、$\pm 0.01\%$。

（3）最高工作电压。若电压过高超过电阻的最高工作电压，电阻内部也容易被击穿而损坏。

（4）电阻稳定性，即电阻值随外界环境变化而变化的程度。

（5）电阻本身也有电感性和电容性，进行电路模型分析时，电阻固有的电感和电容不予考虑，但是在高频电路中，就要考虑固有电感和电容对电路的影响。

3）常用电阻

常用电阻器的外形如图 2.13 所示。

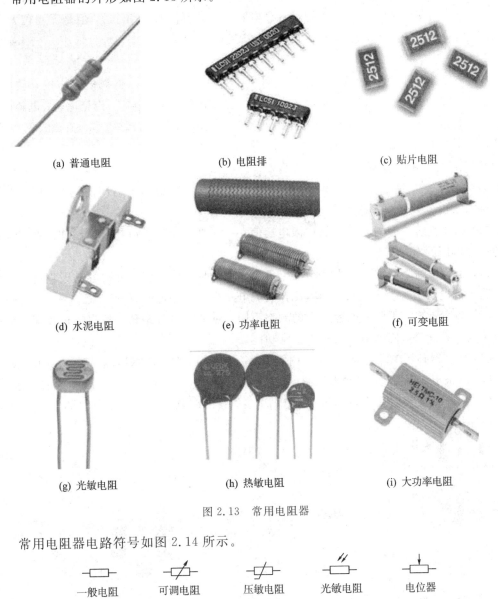

(a) 普通电阻   (b) 电阻排   (c) 贴片电阻

(d) 水泥电阻   (e) 功率电阻   (f) 可变电阻

(g) 光敏电阻   (h) 热敏电阻   (i) 大功率电阻

图 2.13   常用电阻器

常用电阻器电路符号如图 2.14 所示。

一般电阻   可调电阻   压敏电阻   光敏电阻   电位器

图 2.14   常用电阻器电路符号

4）电阻常见故障

电阻常见故障有断路、短路。

2. 电容

电容是电容元件(电容器)的简称,是由两片相距很近的金属板中间夹绝缘物质构成的,两片金属称为电容的极板,中间的物质叫做介质。电容以储存电荷为其特征,因此具有储存电场能量的功能。电容常用字母 C (Capacity)表示。电容也是电子线路中常用的电子器件，它在电子设备中可用于整流器的平滑滤波、电源的退耦、交流信号的旁路、交直流电路的交流耦合等。在现代混合动力汽车中，有的使用超级电容作为能量回收和迅速释放的器件，用于汽车起步，可以节约燃料。电容的基本单位为 F(法拉)，但是 F 单位太大，常用的电容单位还有 μF(微法，$10^{-6}F$)和 pF(皮法，$10^{-12}F$)。

1）常见电容类型

电容按结构不同可以分为固定电容、可变电容和半可变电容(微调电容)；按介质区分有纸介电容、油浸纸介电容、金属化纸介电容、云母电容、薄膜电容、陶瓷电容、电解电容等；从材料上可分为 CBB(聚丙烯)电容、涤纶电容、瓷片电容、云母电容、独石电容、(铝)电解电容、钽电容等。

2）电容选用和注意事项

电容器种类很多，制作材料、工艺各不相同，不同电容适用于不同的场合，因此具体的使用要求也各不相同。这里给出电容器使用的总体要求。

（1）耐压性。电容器有承受的极限电压值，一定要选择耐压值超过电路作用在电容器上的最高电压的电容器。

（2）引脚极性。电解电容引脚分正、负极，使用时不能接错，否则容易毁坏电容。交流电路中的电压极性会出现反向，因此在交流电路中不能用电解电容。

（3）频率要求。不同的电容适用的频率不同，对某种电容来说，频率超过其固有频率就转化为电感元件，使电路无法实现正常功能。

（4）电容器必须在其工作温度范围内使用，室温下使用能够有效延长电容器的使用寿命。

（5）纹波电流不要超过电容器的额定值，否则会导致电容器过热，容量下降，寿命缩短。

（6）对于需要反复多次急剧充、放电的电容，其内部温度上升、容量下降，从而导致使用寿命缩短。

3）常用电容器

常用电容器的外形如图 2.15 所示。

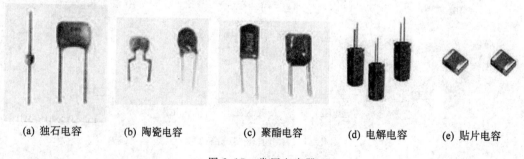

(a) 独石电容　　(b) 陶瓷电容　　(c) 聚酯电容　　(d) 电解电容　　(e) 贴片电容

图 2.15　常用电容器

常用电容器电路符号如图 2.16 所示。

(a) 普通电容　　　(b) 电解电容　　　(c) 可变电容　　(d) 半可变电容

图 2.16　常用电容器电路符号

4）电容常见故障

电容常见故障有断路、短路、漏电和失效等。

3. 电感

电感具有通直流阻交流的特性，电感在电路中的作用主要是滤波、调谐、扼流、阻抗匹配、与电容一起产生一定频率的振荡、磁耦合实现能量传递等。电感一般由绕在铁芯上的线圈构成，也有的电感没有铁芯。电感用符号 L 表示，单位为亨利，简称亨，用 H 表示。毫亨（mH）、微亨（μH）、纳亨（nH）也是电感量的基本单位。有些地方电感量也用 T 来表示，是指一定直径的导线按一定内径绕制的线圈圈数。电感的另一个重要参数是 Q 值，是用来衡量电感性能的指标，Q 值越高，电感性能越接近于理想的无损电感。

1）常见电感类型

电感按工作频率可分为高频电感、中频电感和低频电感；按作用可分为振荡电感、校正电感、阻流电感、滤波电感、隔离电感等；按结构的不同可分为线绕式电感（单层线圈、多层线圈、蜂房线圈）和非线绕式电感，还可分为固定式电感和可调式电感；按封装形式分为普通电感、色环电感、环氧树脂电感和贴片电感、印刷电感等。

2）电感选用和注意事项

（1）使用漆包线绕制的电感时，不要拔动绕线改变线距，以免改变电感量。

（2）取电感器额定电流的 $1.25\sim1.5$ 倍为最大工作电流，一般应降低 50% 使用方较为安全。

（3）电感直流电阻越小越好，除了功率电感不需要考虑直流电阻。

（4）在低频时，电感一般呈现电感特性，即只起蓄能、滤高频的作用；但在高频时，它的阻抗特性表现得很明显，有耗能发热、感性效应降低等现象。不同的电感其高频特性都不一样。

3）常见电感

常见电感的外形如图 2.17 所示。

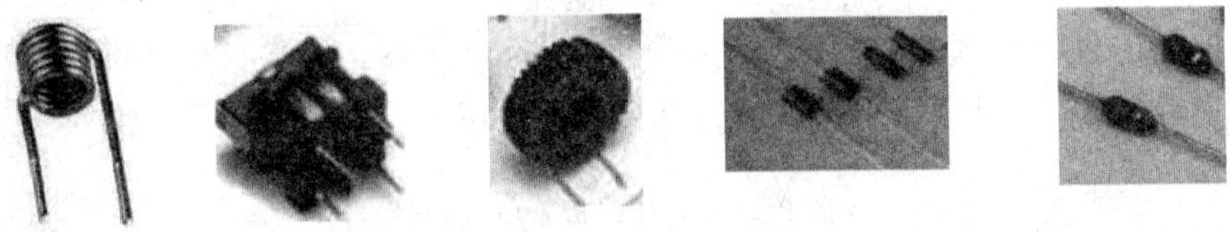

(a) 普通电感　　(b) 高频电感　　(c) 环形电感　　(d) 磁珠　　　(e) 色环电感

图 2.17　常见电感

常用电感的电路符号如图 2.18 所示。

(a) 一般电感　　(b) 空芯可调电感　　(c) 磁芯可调电感　　(d) 铁芯电感　　(e) 铜芯电感

图 2.18　常用电感电路符号

4）电感常见故障

电感常见故障有绕线间绝缘损坏、发热过大、温度过高烧坏、微调电感磁芯松动引起电感值变化等。

4. 晶体管

晶体管一般指晶体三极管，但是严格来讲泛指以半导体材料为基础的单一电子元件，包括各种半导体材料制成的二极管、三极管、场效应管等。晶体管用在电路中可以实现检波、整流、放大、开关、稳压、信号调制等多种功能。

1）二极管

二极管是具有单向导电性的半导体元件，几乎在所有的电子电路中，都要用到半导体二极管，它在许多电路中起着重要的作用，是诞生最早的半导体器件之一，其应用也非常广泛。

二极管根据其作用分为整流二极管、检波二极管、稳压二极管、发光二极管、光电二极管、开关二极管、变容二极管等。

二极管使用注意事项：实际工作时的各参数不要超过二极管的额定值。

常见二极管的外形如图 2.19 所示。

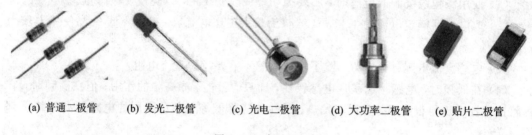

(a) 普通二极管   (b) 发光二极管   (c) 光电二极管   (d) 大功率二极管   (e) 贴片二极管

图 2.19　常见二极管

常用二极管电路符号如图 2.20 所示。

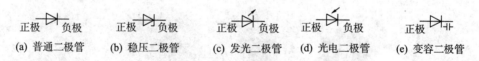

(a) 普通二极管   (b) 稳压二极管   (c) 发光二极管   (d) 光电二极管   (e) 变容二极管

图 2.20　常用二极管电路符号

2）三极管

三极管全称应为半导体三极管，也称双极型晶体管或晶体三极管，三极管有三个引脚，分别为基极 B、发射极 E 和集电极 C，是一种控制电流的半导体器件，常用来对微弱信号进行放大或作为无触点电子开关，是半导体基本元件之一。三极管通过基极电压的微弱变化产生电流变化，控制集电极和发射极之间产生大电流，再通过电流—电压转换从而达到控制输出电压放大的目的，在现代电子线路中得到广泛的应用。

（1）常见三极管类型。

三极管按照工作频率分为低频三极管和高频三极管；按功率分为小功率三极管、中功率三极管和大功率三极管；按封装形式分为金属封装三极管、塑料封装三极管和玻璃封装三极管；按照导电类型分为 NPN 型三极管和 PNP 型三极管；按生产工艺分为合金型三极管、扩散型三极管和平面型三极管；按照制作的半导体材料分为硅三极管和锗三极管；还有一些特殊三极管如光电三极管等。

（2）三极管选用和使用注意事项。

① 三极管的结电容不仅会影响放大电路的电压放大倍数，还会使输出信号和输入信号产生额外的相位差。

② 三极管在作为开关使用时要注意其可靠性，即使基极电压很低甚至开路的情况下，集电极和发射极之间也可能良好导通从而将集电极电位拉为低电平，为了可靠关断，一般要在基极加上负电压。

③ 三极管是电流控制型器件，再加上内部结电容的存在，工作频率一般不能太高，要结合实际三极管参数选用。

④ 三极管的电流放大倍数只是在一定的基极电流范围内恒定，基极电流超过一定值时电流放大倍数会下降。

⑤ 实际使用时作用在三极管上的电压、电流功率不要超过额定值，否则容易因为结温过高而烧坏，大功率三极管需要加装散热片。

（3）常见三极管。

常见三极管外形如图 2.21 所示。

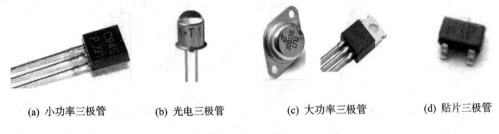

(a) 小功率三极管　　(b) 光电三极管　　(c) 大功率三极管　　(d) 贴片三极管

图 2.21　常见三极管

三极管电路符号如图 2.22 所示。

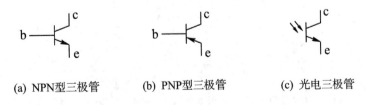

(a) NPN型三极管　　(b) PNP型三极管　　(c) 光电三极管

图 2.22　三极管电路符号

3）场效应管

场效应管（Field Effect Transistor，FET）是利用电场效应来控制电流放大的半导体放大器件，也具有三个引脚，分别是栅极 G、源极 S 和漏极 D。与晶体三极管相比，场效应管是电压控制型器件，通过栅极和源极之间的电压控制漏极和源极之间的电流，具有输入阻抗高、噪声低、热稳定性好、动态范围大、易于集成等特点，因而得到迅速发展和应用，在很多场合替代了三极管。

（1）常见场效应管类型。

场效应管按照结构分为结型和绝缘栅型（MOS）场效应管；按导电沟道分为 N 沟道和 P 沟道场效应管；按导电方式分为耗尽型和增强型场效应管。结型场效应管均为耗尽型，绝缘栅型场效应管既有耗尽型也有增强型，因此绝缘栅型场效应管分为 N 沟道增强型和耗尽型，P 沟道增强型和耗尽型。此外，还有 V 型槽 MOS 场效应管（VMOSFET）等。

（2）场效应管选用和使用注意事项。

① 在实际工作中不能超过场效应管的最大功率、最大电流、最大栅源电压等参数的极限值。

② 使用时要注意场效应管的偏置电压极性，必须严格按照偏置要求接入电路。

③ 大功率场效应管使用时电压、电流和功率较大，结温较高，要保持良好的散热条件，必要时加装散热片，否则容易因结温过高烧坏。

④ 绝缘栅场效应管的栅极处于绝缘状态，其上感应的电荷不容易释放，积累到一定程度时可能产生高电压击穿 $Si O_2$ 膜，所以使用时为防止栅极感应击穿，应将周围环境中的相关仪器设备有效接地，要采取有效的防静电措施。

（3）常见场效应管。

常见场效应管的外形如图 2.23 所示。

(a) 普通场效应管　　　　　　　　(b) 贴片场效应管

图 2.23　场效应管

场效应管电路符号如图 2.24 所示。

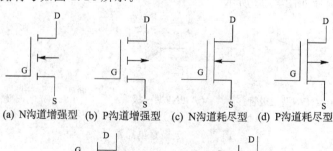

(a) N沟道增强型　(b) P沟道增强型　(c) N沟道耗尽型　(d) P沟道耗尽型

 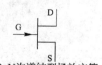

(e) P沟道结型场效应管　　　　(f) N沟道结型场效应管

图 2.24　场效应管电路符号

2.3　常用低压电器简介

低压电器是指额定电压在交流 1200 V 及以下、直流 1500 V 及以下的电气元件，在电路中起到通断、保护、控制或调节作用。低压电器分为配电电器和控制电器两大类，配电电器包括刀开关、低压断路器、熔断器等；控制电器包括接触器、继电器、主令电器、启动器等。以下分别作简单介绍。

1. 低压开关

低压开关用来控制电路的通断，常用的有刀开关、组合开关、空气断路器等。刀开关是手控电器中最简单而使用又较广泛的一种低压电器，用于接通或隔离电源，用在不经常通断的电路中；组合开关可以通过旋转绝缘轴带动内部动触点转动，实现和静触点的接通或断开，适合小电流直接控制通断；空气断路器可以实现过载、短路或失压保护，不适合频繁地通断。

常用低压开关如图 2.25 所示。

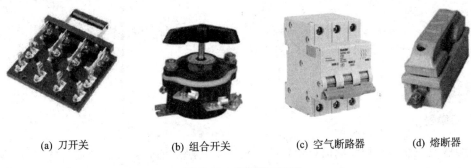

(a) 刀开关　　　　　(b) 组合开关　　　　　(c) 空气断路器　　　　(d) 熔断器

图 2.25　常用低压开关

常用低压开关电路符号如图 2.26 所示。

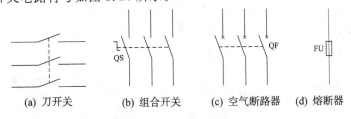

(a) 刀开关　　　　(b) 组合开关　　　(c) 空气断路器　　(d) 熔断器

图 2.26　常用低压开关电路符号

2. 主令电器

主令电器是用于闭合或断开控制电路、以发出指令或进行程序控制的开关电器。主令电器包括按钮开关、行程开关、接近开关、倒顺开关、紧急开关等，如图 2.27 所示。按钮开关是一种短时接通或断开小电流电路的开关；行程开关用来保护运动部件不会超越极限位置；接近开关是一种不需要机械接触即可以检测到动件位置而实现电气切换的开关；倒顺开关可以用来改变交流电相序或者直流电方向，从而改变磁场方向；紧急开关一般是为了在紧急情况下迅速断开电源、停止工作设置的。

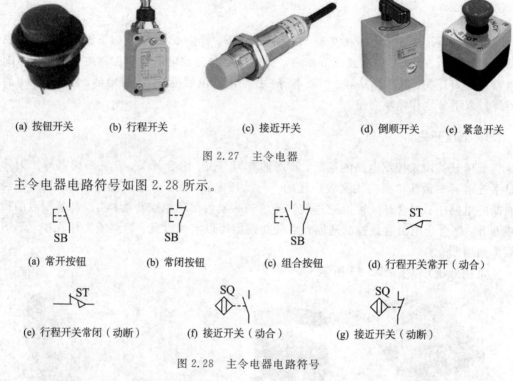

(a) 按钮开关　　(b) 行程开关　　　　(c) 接近开关　　　　(d) 倒顺开关　　(e) 紧急开关

图 2.27　主令电器

主令电器电路符号如图 2.28 所示。

(a) 常开按钮　　　　(b) 常闭按钮　　　　(c) 组合按钮　　　　(d) 行程开关常开（动合）

(e) 行程开关常闭（动断）　　(f) 接近开关（动合）　　(g) 接近开关（动断）

图 2.28　主令电器电路符号

3. 接触器

接触器是工业中利用线圈流过电流产生磁场，使触点闭合，以控制负载的电器，是利用电磁吸力和弹簧弹力配合作用实现触点的接触和断开从而实现电路的通断，用于自动电磁开关、远程通断控制等。接触器利用主触点来开闭电路，用辅助触点来导通控制回路。主触点一般是常断的，辅助触点可以是常开的也可以是常闭的。

接触器有交流接触器和直流接触器，二者工作原理相同。

常见接触器如图 2.29 所示。

图 2.29　常见接触器

接触器电路符号如图 2.30 所示。

接触器线圈　　　　　　主触点　　　　　常开辅助触点　　　　　常闭辅助触点

图 2.30　接触器符号

4. 继电器

继电器是具有隔离功能的自动开关元件，广泛应用于遥控、遥测、通信等电子设备中，继电器与接触器的工作原理相同，但是接触器的主触点能够通过大电流，而继电器的主触点只能通过小电流，所以继电器主要用于控制电路中。

继电器按工作特征可分为电流继电器、中间继电器、热继电器、时间继电器、固态继电器、混合继电器等；按工作功率分为微功率继电器、弱功率继电器、中功率继电器和大功率继电器；按尺寸分为微型继电器、超小型继电器和小型继电器；按防护特征分为密封继电器、封闭式继电器和敞开式继电器。

常用继电器如图 2.31 所示。

(a) 热继电器　　　(b) 小型中间继电器　　　(c) 固态继电器　　　(d) 时间继电器

图 2.31　常用继电器

继电器电路符号如图 2.32 所示。

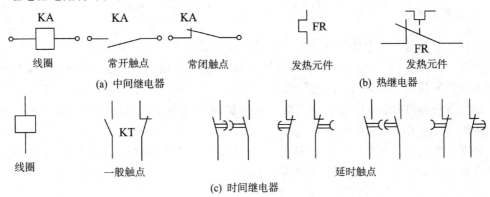

线圈　　　　常开触点　　　常闭触点　　　　　发热元件　　　　　发热元件

(a) 中间继电器　　　　　　　　　　　　　(b) 热继电器

线圈　　　　一般触点　　　　　　　　延时触点

(c) 时间继电器

图 2.32　常用继电器电路符号

第3章　电气测量及数据处理方法

电气测量泛指对电工电子系统的综合测量，包括以电磁技术为手段的电工测量和电子技术为手段的电子测量。测量就是使用电子测量仪器采用一定的方法获取电量数据的过程，而获取数据后，通过数据分析和处理才能知道被测电路是否满足功能要求或者是否达到预期的测量目的，这是电工电子实验中的一项重要工作。

3.1　电气测量方法

电气测量方法多种多样，可按不同特点进行不同分类，如接触测量和非接触测量，静态测量和动态测量，直接测量、间接测量和组合测量，偏差式测量、零位式测量与微差式测量等，各种测量方法也互相包含。这里简要介绍直接测量、间接测量和组合测量。

1. 直接测量法

将被测量与标准量直接比较而得到测量值(直接从测量仪表的读数获取被测量值，不需要进行中间计算)的方法叫直接测量法。如用电流表串联进电路测出电流，电压表并联在电路上测量电压，就属于直接测量法。

特点：不需要对被测量进行函数运算，测出的数值就是被测量本身的值，测量过程迅速。直接测量法在工程测量中应用广泛。

2. 间接测量法

利用被测量与某一个或某几个中间值之间的函数关系，通过直接测量法测出中间值，然后再利用函数关系进行计算得到被测量的方法叫间接测量法。间接测量法无法直接从测量仪表上获取被测量的数值，需要利用仪表测量的值进行一定的计算才能得到真正的测量值。如伏安法测电阻：采用电压表和电流表分别测量电阻中流过的电流和电阻两端的电压，再利用欧姆定律计算电阻值。

特点：测量过程繁琐，花费时间较长。一般在直接测量不方便、直接测量误差较大或者没有直接测量仪器的情况下采用间接测量法。

3. 组合测量法

通过测量一系列与被测量有函数关系的某些量，然后在一系列直接测量和间接测量结果的基础上，通过求解方程组来获得测量结果的方法，称为组合测量法。也就是被测量需要用多个参数表达时，可通过改变测量条件进行多次测量，根据测量量与参数间的函数关系列出方程组并求解进而得到被测量。如测量标准电阻的电阻温度系数 α 和 β。

特点：测量步骤繁琐，花费时间长，但是能达到较高的测量精度。

3.2　测量数据的处理方法

1. 测量误差

误差公理：一切测量结果均有误差，误差自始至终存在于所有科学实验过程中。误差来源主要有仪器仪表误差、环境影响误差、理论和方法误差、人身误差等。

1）误差分类

误差按照表示形式分为绝对误差、相对误差和引用误差；按照性质特点分为系统误差、随机误差和粗大误差。

按表现形式分类：

（1）绝对误差。

绝对误差为被测量的测量值与真值之间的差值。实际测量中被测量的真值无法得到，因此用相对真值（被测量实际值）来代替真值确定测量误差。绝对误差用 Δx 表示。

$$\Delta x = x - A$$

其中：Δx 为绝对误差，x 为测量值（示值），A 为实际值（相对真值）。

相对真值的获取方法：用比所用测量仪器的精度等级高一级或数级的测量仪器的指示值作为被测量的实际值，或者多次测量用示值的平均值作为实际值。

绝对误差的负值 $-\Delta x$ 称为修正值，测量值加上修正值可以得到实际值。修正值一般由计量部门给出。

（2）相对误差。

相对误差为绝对误差与被测量实际值的比值，用 γ 表示。

$$\gamma = \frac{\Delta x}{A} \times 100\%$$

实际值 A 也可用示值 x 来代替。实际测量中相对误差主要用来评价测量的准确度，相对误差越小，测量越准确。

（3）引用误差。

引用误差为绝对误差与测量仪表满量程的百分比，也是一种仪器仪表示值的相对误差。引用误差用 r_n 表示

$$r_n = \frac{\Delta x}{x_m} \times 100\%$$

其中：r_n 为引用误差，Δx 为仪表示值的绝对误差，x_m 为仪表的满刻度示值。

最大引用误差：在规定的工作条件下，当被测量平稳地增加和减少时，在仪表全量程所取得的诸示值的引用误差（绝对值）的最大者。最大引用误差是仪表基本误差的主要形式，也称为仪表的基本误差。我国测量仪表的准确度等级就是按照最大引用误差进行分

级的。

国家标准 GB776—76《电测量指示仪表通用技术条件》规定，测量指示仪表的准确度等级 G 分为：0.1、0.2、0.5、1.0、1.5、2.5、5.0 七个等级，对应的最大引用误差分别为：0.1%、0.2%、0.5%、1.0%、1.5%、2.5%、5.0%。

检测仪器的准确度等级由生产厂商根据其最大引用误差的大小并以"选大不选小"的原则就近套用上述准确度等级得到。为提高测量的准确度，需要被测量与仪表的量程相适应，被测量一般应在满量程的 2/3 以上。

按性质特点分类：

（1）系统误差。

在同一测量条件下，多次重复测量同一量时，测量误差的绝对值和符号都保持不变，或在测量条件改变时按一定规律变化的误差，称为系统误差。

误差来源：测量设备不准确或测量精度不高；测量人员不正确的测量习惯；测量原理、测量方法不完善。

表示方法：用无限次测量结果的平均值与被测量的真值的差来表示。

$$\varepsilon = \bar{x} - A_0$$

特点：可以预测和再现，能够通过分析验证查找原因并修正。

（2）随机误差。

在相同测量条件下，测量同一个被测量时，绝对值和大小以不可预测的方式变化的误差称为随机误差。

误差来源：信号处理电路的噪声、实验环境的偶然变化等。

表示方法：测量结果与相同条件下被测量无限次测量结果的平均值之差。

$$\delta_i = x_i - \bar{x}$$

特点：有界性——多次测量中其绝对值不会超过一定的数值界限。

对称性——误差围绕一个中心值对称分布，即正负误差出现机会相同。

抵偿性——正负误差总体上能够相互抵消。

误差不可预测不可避免，大量随机误差符合概率统计规律，可通过统计分析对误差分布情况进行估计，并通过数据处理（一般求平均值）来减少随机误差对测量结果的影响。

（3）粗大误差。

测量值明显偏离其真值的误差叫粗大误差，也叫过失误差或粗差。

误差来源：偶然的异常因素或测量人员疏忽所致，如测量方法错误、雷电干扰、读数错误、仪器故障等。

特点：误差很大，明显不符合测量结果，一般根据判断准则直接剔除。

2. 测量数据处理

实验的最终目的是通过实验数据的获得和处理，从中揭示出有关物理量之间的关系，或找出事物内在的规律性，因此需要对所获得的数据进行正确的处理。数据处理贯穿从原始数据获得到得出结论的整个实验过程，包括数据记录、整理、计算、作图、分析等方面。常用的数据处理方法有列表法、图示法、经验公式法等，在对数据进行分析之前要对数据的有效数字进行修正。

1）数据舍入规则

（1）小于 5 舍去——末位不变。

（2）大于 5 进 1——在末位增 1。

（3）等于 5 时，取偶数——当末位是偶数时，末位不变；末位是奇数时，在末位增 1。

2）有效数字

若截取得到的近似数其截取或舍入误差的绝对值不超过近似数末位的半个单位，则该近似数从左边第一个非零数字到最末一位数为止的全部数字，称之为有效数字。若遇到测量时只有 n 个有效数字，而计算过程中出现超过 n 个有效数字的情况，则超过 n 的数字要根据数据舍入规则进行处理。

3）近似运算规则

（1）加法、减法运算：以小数点后位数最少的为准，无小数点的则以有效数字最少的为准，其余个数可多取一位。

（2）乘、除法运算：以误差最大或者有效位数最少的数为准，其余参与运算的数或者结果中的有效数字与之相等或多取一位。

（3）乘方、开方运算：与乘除运算相似，但是如果指数的底远大于或远小于 1，指数的影响较大，这时指数应尽可能多保留几位有效数字。

（4）对数运算：取对数运算前后的有效数字位数相同。

4）数据处理方法

（1）列表法。

列表法就是将实验获得的数据用表格的形式进行排列的数据处理方法。列表法既能够记录数据，又能够显示出物理量之间的对应关系。列表法简单、方便，数据易于参考比较，使大量纷杂的数据得到整理，便于对数据进行归纳分析，发现数据是否合理，减少或避免测量错误，但要进行深入的分析，表格就不能胜任了。

列表法的关键是要根据实验内容提前设计出栏目清楚、行列分明的表格，在实验过程中及时将实验数据填入表格内。设计表格时要做到：

① 栏目清楚，能够显示出物理量之间的关系。

② 栏目中要给出各物理量的符号和单位，填写数据的表格单元中一般不重复写单位。

③ 填入表格中的应是原始记录数据，必要时添加备注信息。

（2）图示法。

图示法是用图像表示物理量之间关系的一种实验数据处理方法。图示法的最大优点是形象、直观，从图形中可以很直观地看出函数的变化规律，如递增或递减、最大值和最小值及是否有周期性变化规律等。但是，图形只能得出函数的变化关系或变化趋势，而不能进行数学分析。根据图示结果可以找到相应的经验公式，为物理量之间确定解析关系式。

图示法的步骤如下：在坐标纸上确定好横坐标和纵坐标对应的物理量并根据测量结果合适分度后，根据测量的数据描点，如果一张图纸上绘制多个图形，可用不同的符号描点，如星号、三角号、十字号等；然后将各点连线，连线时使数据点尽量在线上，或者让数据点均匀分布在线的两侧；对图形做注释说明，如图形名称、实验条件、相关符号的意义等。

（3）经验公式法。

经验公式法就是通过对实验数据的计算，利用数理统计的方法，确定数据之间的数学关系。根据变量个数的不同及变量之间关系的不同，分为一元线形回归（直线拟合）、一元非线性回归（曲线拟合）、多元线性回归和多项式回归等。其中一元线形回归是最常见、也是最基本的回归分析方法。有些一元非线性回归可采用变量代换，将其转化为线性回归方程来解。这里主要介绍一元线性回归法。

设两变量之间的关系为 $y=f(x)$，并有一系列测量数据 x_1，x_2，x_3，$\cdots$，x_n；y_1，y_2，y_3，$\cdots$，y_n。用一个直线方程 $y=a+bx$ 来表达上列测量数据之间的相互关系，即求出直线方程中的两个系数 a 和 b，此过程就是一元线性回归，工程上又称为直线拟合。直线拟合的方法主要有：

端点法：将测量数据中的两个端点值（起点和终点）带入直线方程，求出 a 和 b，即可得到数据的直线方程。

平均选点法：将测量的数据根据分布情况分成个数大体相等的两组，如前 k 个为一组，后 $n-k$ 个为另一组，计算出每一组坐标平均值作为数据中心点，如 $(\bar{x}_1, \bar{y}_1)$ 和 $(\bar{x}_2, \bar{y}_2)$，将这两点带入直线公式计算出 a 和 b，得到直线方程。

$$\bar{x}_1 = \frac{\sum\limits_{i=1}^{k} x_i}{k} \qquad \bar{y}_1 = \frac{\sum\limits_{i=1}^{k} y_i}{k} \qquad \bar{x}_2 = \frac{\sum\limits_{i=k+1}^{n} x_i}{n-k} \qquad \bar{y}_2 = \frac{\sum\limits_{i=k+1}^{n} y_i}{n-k}$$

最小二乘法：最小二乘法的基本原理是在残差的平方和为最小的情况下求出最佳直线。设测量数据中的任意一点为 y_i，其在拟合直线 $y=a+bx$ 上对应的理想值为 y_i'，则其残差为 $v_i = y_i - y_i'$。只要拟合的直线能使 $\sum\limits_{i=1}^{n} v_i^2$ 最小，则该拟合直线就成为最能代表测量数据之间关系的方程。通过求 a 和 b 的偏导数并令其为零，即可解出 a 和 b 的值，从而得到直线方程。

第 4 章　电工技术实验

4.1　基尔霍夫定律和叠加定理的验证

一、实验应该具备的基础知识

熟悉电路的基本概念，掌握基尔霍夫定律和叠加定理的内容。会使用直流电压表、直流电流表，具备看图接线的能力。

二、实验目的

（1）加深对基尔霍夫定律、叠加定理的理解。

（2）学习掌握稳压电源、电压表、电流表的使用方法。

（3）掌握用实验方法证明电路定理的方案设计和操作技能，掌握电压、电流的正确测量方法。

三、实验仪器与设备

实验仪器与设备见表 4.1.1。

表 4.1.1　实验仪器与设备

序　号	名　　称	数　量	型　号
1	电工技术实验台	1	
2	数字万用表	1	VC8045
3	直流毫安表	1	D26 - mA

四、实验原理

1. 基尔霍夫定律

基尔霍夫电流定律（KCL）：在任一瞬间时，流入某一节点的电流之和等于由该节点流出的电流之和。

基尔霍夫电压定律(KVL)：在任一瞬间，如果从回路中任意一点出发，以顺时针方向或逆时针方向沿回路循行一周，则在这个方向上的电位降之和应该等于电位升之和。

验证基尔霍夫定律的实验电路如图 4.1.1(a)所示，图中标出了各元件的电流和电压的参考正方向。若电流(电压)的实际方向与规定的正方向相同，电流值为正值；若电流(电压)的方向与规定的正方向相反，电流值为负值。根据 KCL，任一节点处的电流应满足 $\sum I = 0$；根据 KVL，任一闭合回路中的电压应满足 $\sum U = 0$。

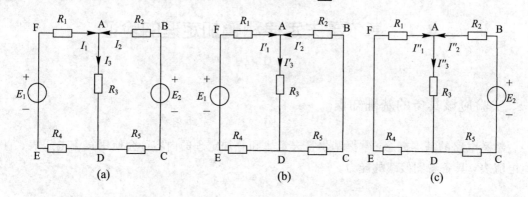

图 4.1.1　基尔霍夫定律及叠加定理实验原理图

2. 叠加定理

线性电路中，任一支路的电流(或电压)等于电路中各个独立源单独作用时，在该支路中所产生的电流(或电压)的代数和。所谓单独作用，即当一个独立源作用时，其他独立源应置零，即把相应的独立电压源视为短路，将此电压源用短路线代替；独立电流源视为开路，将此电流源支路设为开路。

某一电源单独作用时，若其他电源的内阻不能忽略，则其他电源的内阻要用与之相等的电阻代替。本实验中，设电压源为理想电压源，理想电压源模拟内阻为零。如图 4.1.1(a)所示，设定 E_1、E_2 共同作用时，各支路产生的电流分别为 I_1、I_2、I_3；E_1 单独作用时，各支路产生的电流为 I'_1、I'_2、I'_3，如图 4.1.1(b)所示；E_2 单独作用时，各支路产生的电流分别为 I''_1、I''_2、I''_3，如图 4.1.1(c)所示。

根据叠加定理，应满足：

$$I_1 = I'_1 + I''_1,\ I_2 = I'_2 + I''_2,\ I_3 = I'_3 + I''_3$$

实验电路如图 4.1.2 所示，其中 $R_1 = 1\ \text{k}\Omega$，$R_2 = 510\ \Omega$，$R_3 = 300\ \Omega$，$R_4 = 200\ \Omega$，$R_5 = 300\ \Omega$。双向开关 S_1、S_2 控制电源 E_1、E_2 的接入或短路。在实验板上有电流测试端口，可将毫安表串接进支路测试电流。

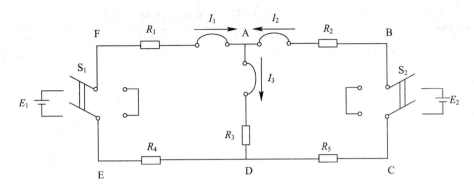

图 4.1.2　叠加定理实验电路

五、实验内容

1. 叠加定理及基尔霍夫电流定律的验证

将直流稳压电源的一路输出电压调至 10 V，另一路调至 15 V，调节时用直流伏特表测量并校正电源的输出电压，直流伏特表的精度等级高于直流稳压电源上表头的精度等级。

按照图 4.1.2 连接电路，支路断路间用导线连接。测量电流时，将所需测量电流支路部分的连接导线拔出，并将毫安表串联接入电路测量电流。

(1) 测量 E_1、E_2 共同作用时各支路的电流值 I_1、I_2、I_3。

将 S_1、S_2 开关同时置于电源侧，用毫安表串联在支路中。测量各支路的电流 I，记入表 4.1.2。

(2) 测量 E_1 单独作用时，各支路的电流 I_1'、I_2'、I_3'。

将 S_1 置于电源侧，S_2 置于短路侧，用毫安表测量各支路的电流 I'，记入表 4.1.2。

(3) 测量 E_2 单独作用时，各支路的电流 I_1''、I_2''、I_3''。

将 S_2 置于电源侧，S_1 置于短路侧，用毫安表测量各支路的电流 I''，记入表 4.1.2。

表 4.1.2　电压源单独作用和共同作用时电流值

	I_1/mA	I_2/mA	I_3/mA
E_1、E_2 共同作用时 I 值			
E_1 单独作用时 I' 值			
E_2 单独作用时 I'' 值			

2. 验证基尔霍夫电压定律

测量 E_1、E_2 共同作用时各电压值，记入表 4.1.3。

表 4.1.3　电源共同作用时不同点之间的电压值

U_{AB}/V	U_{BC}/V	U_{CD}/V	U_{DE}/V	U_{EF}/V	U_{FA}/V	U_{AD}/V

六、数据处理

（1）根据表 4.1.2 测量数据，选定实验电路图 4.1.2 中的节点 A 或 D，验证基尔霍夫电流定律的正确性。

（2）根据表 4.1.3 的测量数据，选定实验电路图 4.1.2 中的任一闭合回路，验证基尔霍夫电压定律的正确性。

（3）根据表 4.1.2 数据，验证叠加定理的正确性。

（4）根据表 4.1.2 的实验数据与理论计算，分析误差产生的原因。

七、思考题

（1）测量中如果电流表或者电压表接反了，会对结果产生什么影响？

（2）电流表和电压表测量电流和电压时，是否会对测量结果产生影响？

4.2　戴维南定理及电位概念

一、实验应具备的基础知识

掌握戴维南定理的理论知识和电位的概念,会计算一般复杂电路的二端网络开路电压和等效电阻,会根据电位值计算两点之间的电压。

二、实验目的

(1)通过实验验证戴维南定理的准确性。

(2)掌握有源二端网络等效参数的测定方法,并了解各种测量方法的特点。

(3)掌握用实验方法证明电路定理的方案设计和操作技能。

三、实验仪器与设备

实验仪器与设备见表 4.2.1。

表 4.2.1　实验仪器与设备

序　号	名　　称	数　量	型　号
1	电工技术实验台	1	
2	数字万用表	1	VC8045
3	直流毫安表	1	D26 – mA

四、实验原理

戴维南定理:任何一个有源二端线性网络,对外电路而言,总可以用一个电压源和电阻串联的有源支路来等效代替,电压源的电动势 E 等于该网络的开路电压 U_{oc},而等效电阻等于该网络中所有独立源置零(理想电压源视为短路,理想电流源视为开路)时的端口等效电阻 R_0,如图 4.2.1 所示。

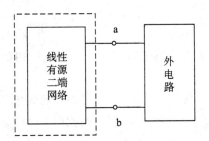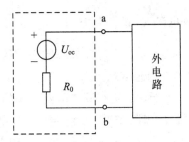

图 4.2.1　戴维南定理原理图

1. 开路电压 U_{oc} 的测量方法

（1）直接测量法：若有源二端网络的等效内阻 R_0 与电压表的内阻 R_V 相比可忽略不计，则可用电压表直接测量开路电压。

（2）零示测量法：在测量具有高内阻的有源二端网络的开路电压时，用电压表直接测量会造成较大的误差。为了消除电压表内阻的影响，往往采用零示测量法，如图 4.2.2 所示。

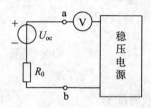

图 4.2.2　零示法

零示法测原理：用一个低内阻的稳压电源与被测有源二端网络进行比较，若电压表的读数为 0，则表明稳压电源的输出电压与有源二端网络的开路电压相等，测量此时稳压电源的输出电压，即为被测有源二端网络的开路电压 U_{oc}。

（3）补偿法：补偿法采用高灵敏度的检流计及补偿电路进行测量，电路如图 4.2.3 所示，其测量精度较高。U_s 为高精度的标准电压源，R 为标准分压电阻箱，G 为高灵敏度的检流计。调节电阻箱的分压比，当 $U_{cd} = U_{ab}$ 时，流过检流计 G 的电流为零，因此开路电压为

$$U_{oc} = U_{cd} = \frac{R_2}{R_1 + R_2} U_s = K U_s$$

式中，K 为电阻箱的分压比。

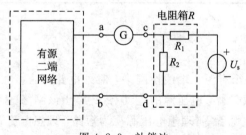

图 4.2.3　补偿法

2. 等效电阻 R_0 的测量方法

（1）直接测量法：将有源二端网络中的所有独立源置零，用万用表的欧姆挡测量去掉外电路后的等效内阻 R_0。

（2）外加电源法：将有源二端网络中的独立源置零，在 ab 端口加一已知电压 U，测量端口的总电流 I，则等效电阻 $R_0 = U/I$。但是，在将独立源置零的同时，也将独立源的内阻去掉了，因而这种方法适用于电流源内阻较大和电压源内阻较小的情况。

（3）开路短路法：测量 ab 端的开路电压 U_{oc} 及短路电流 I_{sc}，则等效电阻为

$$R_0 = \frac{U_{oc}}{I_{sc}}$$

但是，若等效电阻 R_0 较小，短路电流就会过大从而损坏元器件，因而，这种方法适用于等效电阻 R_0 较大而短路电流不超过额定值的情形。

（4）半电压测量法：图 4.2.4 所示电路中，调节负载电阻 R_L 的大小，当负载电压等于被测有源二端网络开路电压的一半时，负载电阻的值即为被测有源二端网络的等效电阻值，即 $R_0 = R_L$。

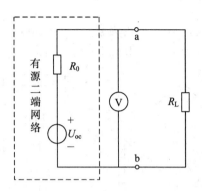

图 4.2.4　半电压测量法

（5）伏安法：在有源二端网络端口处加一可调电阻，用电压表、电流表测量出有源二端网络的外特性曲线，则外特性曲线的斜率即为等效电阻 R_0。

五、实验内容

1. 测量电位与电压

（1）将直流稳压电源的输出调至 9 V。

（2）按照图 4.2.5 接好电路，$R_1 = R_4 = 300 \ \Omega$，$R_2 = R_3 = 1 \ \mathrm{k}\Omega$，$R_5$ 选择实验板上的 51 Ω 或 100 Ω 电阻。检查无误后打开电源开关，按照表 4.2.2 测量各点电位。

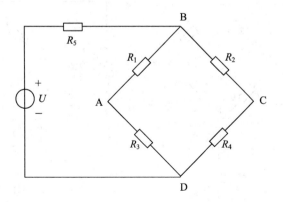

图 4.2.5　戴维南定理实验电路图

表 4.2.2　电位和电压测量值

参考点 测量值	V_A/V	V_B/V	V_C/V	V_D/V	U_{AB}/V	U_{BC}/V	U_{CD}/V	U_{DA}/V
A								
D								

2. 验证戴维南定理

实验电路如图 4.2.6(a)所示，虚线内为有源二端网络，图 4.2.6(b)为其等效电路，图 4.2.6(c)为测其开路电压的电路，图 4.2.6(d)～(f)为测等效电阻的电路。

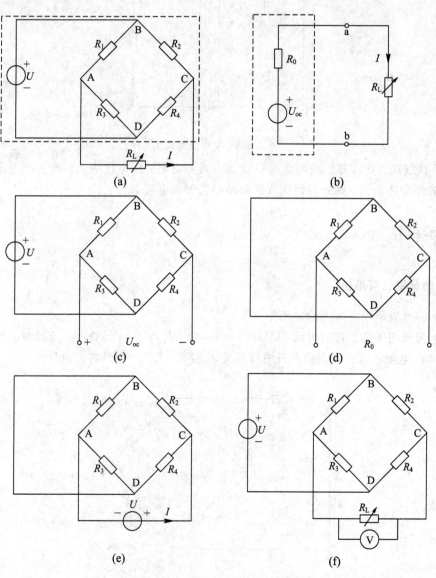

图 4.2.6　戴维南定理实验电路

1）测量有源二端网络的等效参数

（1）测量有源二端网络 AC 端的开路电压 U_{oc}。

按照图 4.2.6(c)连接电路，即将负载电阻 R_L 支路断开，用直流电压表测量二端网络的开路电压 U_{oc}，记入表 4.2.3 中。

（2）测量有源二端网络的等效电阻 R_0。

直接测量法：将有源二端网络中所有独立源置零，即将电压源支路的电源断开，用短路线取而代之，如图 4.26(d)所示，用万用表的欧姆挡测量 AC 两端电阻 R_0（注意欧姆挡要调零），记入表 4.2.3 中。

外加电源法：将有源二端网络中的独立源置零，在 AC 端口加一电压 U（自主设定），如图 4.2.6(e)所示，测量端口的总电流 I，将数据记入表 4.2.3 中，并计算等效电阻。

半电压法：在 AC 端口加一可调电阻 R_L，调节电阻 R_L 的大小使 $U_{R_L} = \frac{1}{2} U_{oc}$，如图 4.2.6(f)所示，将 U_{R_L} 和负载电阻 R_L 的值记入表 4.2.3（负载电阻 R_L 的值即为有源二端网络的等效电阻值）。

表 4.2.3　开路电压、等效电阻测量值

测量项目	开路电压	等效电阻					
		直接法	外加电源法			半电压法	
被测量	U_{oc}/V	R_0/Ω	U/V	I/mA	R_0/Ω	U_{R_L}/V	R_0/Ω
测量值/计算值							

注：所测数据保留一位小数。

2）负载实验

按照图 4.2.6(a)连接电路，改变 R_L 阻值，用直流电流表和直流电压表测量有源二端网络 AC 端负载 R_L 支路电流 I 和端电压，记入表 4.2.4 中。

表 4.2.4　有源二端网络的外特性

R_L/Ω							
U/V							
I/mA							

3）验证戴维南定理

按照图 4.2.6(b)连接电路，调节直流稳压源为 U_{oc} 值作为等效电路中电压源，调节电位器为 R_0 值，改变负载电阻 R_L 的数值，用直流电流表和直流电压表测量负载 R_L 支路电流 I 和端电压，记入表 4.2.5 中，对戴维南定理进行验证。

表 4.2.5　戴维南等效电路的外特性

R_L/Ω							
U/V							
I/mA							

六、实验数据处理

(1) 根据表 4.2.2 实验数据总结电压和电位的关系，以及参考点对电位和电压的影响。

(2) 根据表 4.2.4 和表 4.2.5 实验数据验证戴维南定理的准确性。

(3) 分析实验数据产生误差的原因。

七、思考题

(1) 利用戴维南定理等效后的电路向负载供电和原电路向负载供电，负载以外的电阻消耗的功率是否相同？

(2) 如果电路有受控电源，等效电阻如何确定？

4.3 电压源与电流源的等效变换及最大功率传输条件

一、实验应具备的基础知识

熟悉电压源和电流源的电路模型，能够计算电路模型参数。理解电源的外特性并设计测试电路。理解阻抗匹配和最大功率传输条件。

二、实验目的

(1) 掌握电源外特性的测试方法。

(2) 验证电压源与电流源等效变换的条件，加深对电压源和电流源特性的理解。

(3) 理解阻抗匹配，掌握最大功率传输的条件。

(4) 掌握根据电源外特性设计实际电源模型的方法。

三、实验仪器与设备

实验仪器与设备见表 4.3.1。

表 4.3.1 实验仪器与设备

序 号	名 称	数 量	型 号
1	电工技术实验台	1	
2	数字万用表	1	VC8045
3	可调电阻箱	1	

四、实验原理

1. 电压源与电流源等效变换

一个直流稳压电源在一定的电流范围内具有很小的内阻，在实用中，常将它视为一个理想的电压源，即其输出电压不随负载电流而变，其外特性 $u = f(i)$ 是一条平行于 i 轴的直线。一个恒流源在实用中，在一定的电压范围内，可视为一个理想的电流源。

一个实际的电压源（或电流源），其端电压（或输出电流）不可能不随负载而变，因为它具有一定的内阻值。故在实验中，用一个小阻值的电阻（或大电阻）与稳压源（或恒流源）相串联（或并联）来模拟一个电压源（或电流源）。

一个实际的电源，就其外部特性而言，既可以看成是一个电压源，又可以看成是一个电流源。若视为电压源，则可用一个理想的电压源 E_s 与一个电阻 R_0 相串联的组合来表示；若视为电流源，则可用一个理想电流源 I_s 与 R_0 相并联的组合来表示。若它们向同样大小的负载输出同样大小的电流和端电压，则称这两个电源是等效的，即具有相同的外特性。

一个电压源与一个电流源等效变换的条件为

$$I_s = E_s / R_0 \quad 或 \quad E_s = I_s R_0$$

电路模型如图 4.3.1 所示。

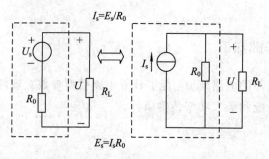

图 4.3.1　电压源和电流源等效变换

2. 最大功率传输定理

电源向负载供电的电路如图 4.3.1 所示，图中 R_0 为电源内阻，R_L 为负载电阻。当电路电流为 I 时，负载 R_L 得到的功率为

$$P_L = I^2 R_L = \left(\frac{U_s}{R_s + R_L} \right)^2 \times R_L$$

可见，当电源 U_s 和 R_0 确定后，负载得到的功率大小只与负载电阻 R_L 有关。

令 $\dfrac{\mathrm{d}P_L}{\mathrm{d}R_L} = 0$，解得：$R_L = R_0$ 时，负载得到最大功率：$P_L = P_{L\max} = \dfrac{U_s^2}{4R_s}$。

$R_L = R_0$ 称为阻抗匹配，负载阻抗与电源的内阻相等时，负载可以得到最大功率。

负载得到最大功率时电路的效率为

$$\eta = \frac{P_L}{U_s I} = 50\%$$

五、实验内容及步骤

1. 测定直流稳压电源的外特性

按图 4.3.2 接线，E_s 为 +6 V 直流稳压电源，调节 R_2，令其阻值由大至小变化，记录电压表、电流表的读数至表 4.3.2。

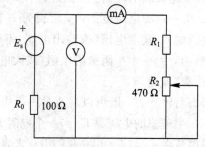

图 4.3.2　直流稳压电源的外特性测试电路

表 4.3.2　直流稳压电源的外特性测试数据

U/V						
I/mA						

2. 测定电流源的外特性

按图 4.3.3 接线，I_s 为直流恒流源，调节其输出为 5 mA，R_0 为可调电阻箱。调节电位器 R_L 使其阻值在 0 至 470 Ω 之间变化，测出 R_0 分别为 1 kΩ 和 ∞ 两种情况下电压表和电流表的读数。参照表 4.3.3 和表 4.3.4 自拟数据表格，记录实验数据。

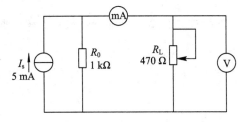

图 4.3.3　电流源外特性测试电路

表 4.3.3　电流源外特性测试数据表($R_0 = 1$ kΩ)

U/V						
I/mA						

表 4.3.4　电流源外特性测试数据表 ($R_0 = \infty$)

U/V						
I/mA						

3. 测定电源等效变换的条件

按图 4.3.4(a)电路接线，U_s 为 0～+30 V 可调恒压源，将输出电压调至 +6 V，记录电流表、电压表的读数。然后按图 4.3.4(b)电路接线，调节恒流源输出电流 I_s，令两表的读数与图 4.3.4(a)的数值相等，记录 I_s 之值，验证等效变换条件的正确性。

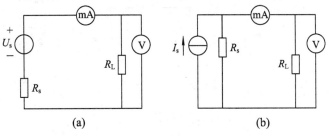

图 4.3.4　测定电源等效变换条件电路

六、数据处理

(1) 数据记录保留两位小数，根据表格记录的数据绘制出相应的曲线图。

(2) 对等效变换前后的负载电压和电流进行比较，分析误差产生原因。

七、思考题

(1) 直流稳压电源的输出端为什么不允许短路？直流恒流源的输出端为什么不允许开路？

(2) 电压源与电流源的外特性为什么呈下降变化趋势？在任何负载下稳压源和恒流源的输出是否保持不变？

4.4　单相交流电路测量及功率因数提高

一、实验应具备的基础知识

掌握交流电路的相量计算法，理解有效值的意义，理解功率因数的概念和对交流电路的影响，能够计算提高功率因数需并联的电容值，了解交流仪表测量交流电量的方法。

二、实验目的

（1）了解日光灯电路的组成、工作原理和安装方法。

（2）明确交流电路中电压、电流和功率之间的关系。

（3）了解提高功率因数的意义和方法。

三、实验仪器与设备

实验仪器与设备见表 4.4.1。

表 4.4.1　实验仪器与设备

序号	名　　称	数　量	型　号
1	电工技术实验台	1	
2	数字万用表	1	VC8045
3	功率表	1	D34 – 2

四、实验原理

本实验以日光灯电路为基础，研究并联交流电路的电压、电流关系。

图 4.4.1 是日光灯电路接线图和等效电路。日光灯电路由灯管、镇流器、启辉器组成。当日光灯电路刚接入交流电源时，启辉器中双金属片处于断开位置，灯管尚未放电，电路中没有电流。这时，电源电压经镇流器、灯管灯丝全部加在启辉器的动触片和静触片之间，使触片间的惰性气体电离而产生辉光放电，双金属片受热膨胀，与静触片接触，电路接通，电流流过灯丝。灯丝通电后开始发射电子，并且加热灯管内气体。同时启辉器的双金属片冷却收缩，触点断开，在断开瞬间，镇流器绕组上产生一个相当高的感应电动势，此电动势与交流电源相叠加，共同加于灯管两端的灯丝之间，使管内惰性气体电离放电，灯管内温度升高，水银受热转化成水银蒸气。灯丝发射出的电子撞击水银蒸气，此时灯管由惰性气体放电过渡为水银蒸气放电，放电辐射的紫外光激励灯管内壁的荧光粉发出可见光。

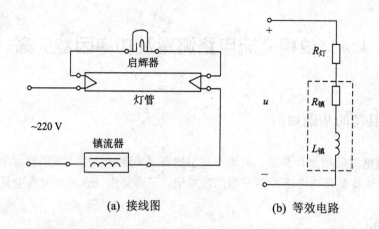

(a) 接线图　　　(b) 等效电路

图 4.4.1　日光灯电路图

　　交流电路中功率因数的大小，关系到电源设备及输电线路能否得到充分利用。在图 4.4.2(a) 中由于有电感性负载，电路的功率因数较低。从供电方面来看，在同一电压下输送给负载一定大小的有功功率时，所需的电流较大。为提高电路的功率因数，在电路中并联一电容。对于原感性负载来说，所加电压和负载参数均未改变，即没有改变电路的工作情况。但并联电容后，由于 I_C 的出现，电路的总电流减小了，相量图如图 4.4.2(b) 所示。

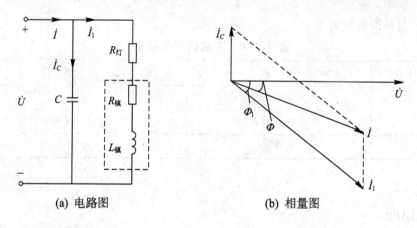

(a) 电路图　　　(b) 相量图

图 4.4.2　日光灯并联电容电路及电流相量图

　　综上所述，并联电容前后，电源向外输出的有功功率未变，总电流却因并联电容而减小，因而减小了电路上的功率损耗，提高了传输电能的效率，意义十分重大。

　　日光灯、镇流器、启辉器的结构及原理
　　1. 日光灯
　　日光灯结构如图 4.4.3 所示，在密封的玻璃管内壁涂有荧光粉，管内放少量水银、充有惰性气体(氩气)。灯管两端各装有一根灯丝，灯丝上涂有氧化物，通电后会发射电子。

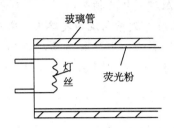

图 4.4.3　日光灯结构示意图

2. 镇流器

镇流器实际上是一个带铁芯的电感线圈。日光灯电路刚接通电源时，用于产生一个高电压，以帮助灯管启辉点亮。灯管点亮后，利用自身的阻抗限制灯管的工作电流。灯管点亮前，管内气体未被电离，处于高阻阻断状态。灯管点亮后，管内气体被电离，从而转为低阻导通状态，若不加限流装置，会有过大电流流过灯管，将灯管烧坏。

3. 启辉器

启辉器用于瞬时接通和断开由灯丝和镇流器构成的通路，借助镇流器的感应电势促使灯管起燃。其构造如图 4.4.4 所示，在充有惰性气体(氖气)的密封玻璃泡内装有动触片和静触片。动触片是由两种热膨胀系数不同的金属片制成的，呈倒 U 形，倒 U 形内层的金属材料热膨胀系数高。在启辉器辉光放电时，放电产生的热量加热金属片，双金属片断开，与静触片接通。辉光放电停止后，双金属片冷却收缩，触点断开。

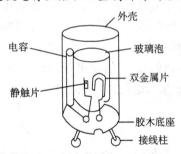

图 4.4.4　启辉器结构图

4. 电流插头、电流插孔

图 4.4.5(a)为电流插头示意图，图 4.4.5(b)为电流插孔示意图，图 4.4.5(c)为用电流插头连接电流表测电流示意图，图 4.4.5(d)为电流插孔在电路中的符号。

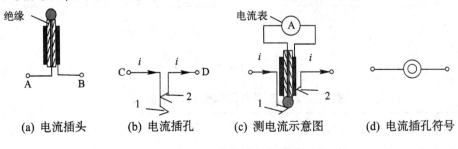

(a) 电流插头　　(b) 电流插孔　　(c) 测电流示意图　　(d) 电流插孔符号

图 4.4.5　电流插头示意图

电流插头与电流插孔工作原理：电流插头的 A、B 端分别与交流安培表的测试端连接，电流插孔的 C、D 端串联在所需测量电流的支路内，在未接入电流插头之前，C、D 间相当于一短路线，对电路无任何影响。当连接着安培表的电流插头插入该电流插孔时，电流插头的 A 与电流插孔的 C 相接，电流插头的 B 与电流插孔的 D 相接，从而完成了一次串联连接。

五、实验内容

1. 可调交流电源输出电压的调节

（1）将实验台电源控制部分的电压指示切换开关置于"开"位置，调压器旋钮旋转至零位，三只电压表指针回到零位。

（2）缓慢旋转三相自耦调压器的调节旋钮，三只电压表指针随之偏转，即指示三相可调电压输出端 U、V、W 两两之间的线电压值。调至所需的电压值即可。实验做完后将旋钮调回零位。

2. 测量灯管的启辉、熄灭电压

按照图 4.4.6 连接电路，将需要测电流的支路接入电流插孔，并接入电容箱（各电容开关应均处于关断位置）。接线完毕，经检查无误后方可接通电源。

慢慢升高输出电压，直到启辉器发出闪烁光、灯管刚刚点亮时，停止调压。此时调压器的输出电压就是日光灯的最低启辉电压，测量此时电压，记入表 4.4.2。

将调压器输出旋钮逆时针旋转，此时输出电压降低，当调至灯管刚刚熄灭时，停止调压，测量此时调压器的输出电压值，记入表 4.4.2 中。

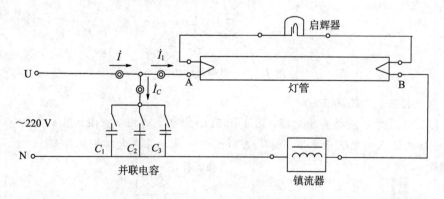

图 4.4.6　日光灯实验电路图

表 4.4.2　启辉电压和熄灭电压测量值

灯管启辉电压 $U_启$ /V	灯管熄灭电压 $U_灭$ /V

3. 测量未连接电容器时各电量

将调压器输出电压调至 220 V，此时为日光灯正常使用时电压，按表 4.4.3 内容测量未接电容器时各电量，记入表 4.4.3 中。

表 4.4.3 日光灯实验数据表

总电路			灯管			镇流器	
$U_总$ /V	$I_总$ /mA	$P_总$ /W	$U_灯$ /V	$I_灯$ /mA	$P_灯$ /W	$U_镇$ /V	$I_镇$ /mA

4. 测量并联不同电容值时各电量

将并联不同电容时的电压、电流值记入表 4.4.4 中。

表 4.4.4 并联电容实验数据表

电容值	测量数据					计算数据	
	$U_总$ /V	$I_总$ /mA	I_1 /mA	I_C /mA	$P_总$ /W	S/(V·A)	$\cos\Phi$
0 μF							
1 μF							
2.2 μF							
4.7 μF							

六、实验数据处理

（1）在 R、L 串联交流电路中，用向量图说明各个电压与总电压的关系。

（2）在并联交流电路中，用向量图说明各分电流与总电流的关系。

七、思考题

（1）在日常生活中，当日光灯上缺少启辉器时，人们常将启辉器的两端短接，然后迅速断开以使日光灯点亮；或用一只启辉器去点亮多只同类型的日光灯，这是为什么？

（2）为了提高电路的功率因数，常在感性负载上并联电容器，此时增加了一条电流支路，试问电路的总电流是增大还是减小？此时感性元件上的电流和功率是否改变？

（3）提高功率因数为什么采用并联电容器法而非串联法？所并的电容器是否越大越好？

4.5　电路元件伏安特性的测绘

一、实验应具备的基础知识

熟悉元件的约束关系，能够识别元器件。熟练掌握电工仪表的使用方法，注意电工仪表的保养和维护。

二、实验目的

(1) 掌握利用逐点测试法测量线性、非线性电阻元件伏安特性的方法。
(2) 掌握利用逐点测试法测量二极管元件伏安特性的方法。
(3) 学习直流稳压电源、直流电流表和电压表的使用方法。

三、实验仪器与设备

实验仪器与设备见表 4.5.1。

表 4.5.1　实验仪器与设备

序　号	名　　称	数　量	型　　号
1	电工技术实验台	1	
2	数字万用表	1	VC8045
3	直流毫安表	1	D26 - mA

四、实验原理

任何一个二端元件，其端电压 U 与通过该元件的电流 I 之间的函数关系 $I = f(U)$ 称为该元件的伏安特性，它可用 $I-U$ 平面上的一条曲线来表征，这条曲线称为该元件的伏安特性曲线。

线性电阻的伏安特性满足欧姆定律，其伏安特性曲线是一条通过坐标原点的直线，如图 4.5.1(a) 所示，该直线的斜率的倒数等于该电阻的电阻值。

一般的白炽灯在工作时灯丝处于高温状态，其灯丝电阻随着温度的升高而增大，通过白炽灯的电流越大，其温度越高，阻值也越大。一般灯泡的"冷电阻"与"热电阻"的阻值可相差几倍至十几倍，所以它的伏安特性如图 4.5.1(b) 中曲线所示。

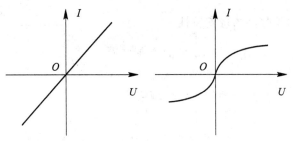

(a) 线性电阻伏安特性曲线　　　　(b) 白炽灯伏安特性曲线

图 4.5.1　伏安特性曲线

　　一般的半导体二极管是一个非线性电阻元件,其特性如图 4.5.2(a)曲线所示。二极管的正向压降很小,一般的锗管约为 0.2～0.3 V,硅管约为 0.5～0.7 V,正向电流随正向压降的升高而急骤上升,而反向电压从零一直增加到十多伏至几十伏时,其反向电流增加很小,粗略地可视为零。可见,二极管具有单向导电性,但反向电压加得过高,超过二极管的极限值,则会导致二极管击穿损坏。

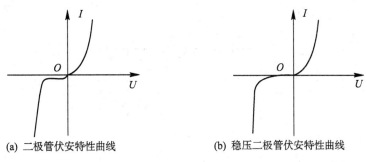

(a) 二极管伏安特性曲线　　　　(b) 稳压二极管伏安特性曲线

图 4.5.2　二极管和稳压管的伏安特性曲线

　　稳压二极管是一种特殊的半导体二极管,其正向特性与普通二极管类似,但其反向特性较特别,如图 4.5.2(b)曲线所示。在反向电压开始增加时,其反向电流几乎为零,但当电压增加到某一数值时电流将突然增加,以后它的端电压将维持恒定,不再随外加的反向电压升高而增大。该电压称为二极管的稳压值。有各种不同稳压值的稳压管。

五、实验内容

1. 测定线性电阻的伏安特性

　　按图 4.5.3 接线,调节稳压电源的输出电压 U_s,从 0 V 开始缓慢地增加,一直到 10 V,记录相应的电压表和电流表的读数,填入表 4.5.2。

表 4.5.2　伏安特性测量值

U/V	0	2	4	6	8	10
I/mA						

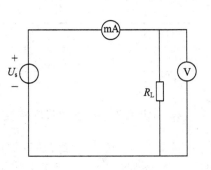

图 4.5.3　线性电阻伏安特性
测量电路

2. 测定非线性白炽灯泡的伏安特性

将图 4.5.3 中的 R_L 换成一只 12 V 的汽车灯泡，见图 4.5.4。改变电压值，测量电流值记入表 4.5.3。

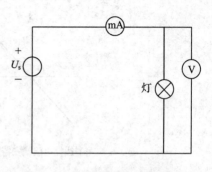

图 4.5.4 非线性白炽灯泡伏安
特性测量电路

表 4.5.3 非线性白炽灯泡的伏安特性测量值

U/V	0	2	4	6	8	10
I/mA						

3. 测定半导体二极管的伏安特性

按图 4.5.5 接线，R 为限流电阻器，二极管 V_D 的正向压降可在 $0 \sim 0.75$ V 之间取值。特别是在 $0.5 \sim 0.75$ V 之间更应多取几个测量点，将测量结果记入表 4.5.4 中。

做反向特性实验时，只需将图 4.5.3 中的二极管 V_D 反接，且其反向电压可加到 30 V，将测量结果记入表 4.5.5 中。

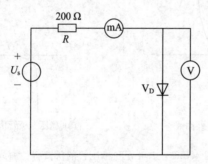

图 4.5.5 半导体二极管伏安特性测量电路

表 4.5.4 二极管正向伏安特性测量数据

U/V	0	0.4	0.5	0.55	0.6	0.62	0.64	0.66	0.75
I/mA									

表 4.5.5 二极管反向伏安特性测量数据

U/V	0	−5	−10	−15	−20	−25	−30
I/mA							

4. 测定稳压二极管的伏安特性

将图 4.5.5 中的二极管换成稳压二极管 2CW51，见图 4.5.6。重复实验内容 3 的测量，将测量结果记入表 4.5.6 和表 4.5.7 中。

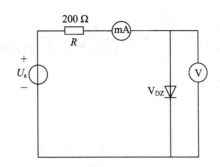

图 4.5.6　稳压二极管伏安特性测量电路

表 4.5.6　稳压二极管正向伏安特性测量数据

U/V	0	0.4	0.5	0.55	0.6	0.62	0.64	0.66	0.75
I/mA									

表 4.5.7　稳压二极管反向伏安特性测量数据

U/V	0	−1	−2	−3	−3.1	−3.2	−3.3	−3.4	−3.5	−3.6	−3.7
I/mA											

六、实验数据处理

（1）根据实验测量数据，在坐标系上分别绘制出各个元件的光滑伏安特性曲线。二极管和稳压管二极管的正、反向特性要求画在同一张图中，正、反向电压可取为不同的比例。

（2）根据线性电阻的伏安特性曲线计算其电阻值，并与实际电阻值进行比较，分析误差产生的原因。

（3）根据实验结果，总结归纳被测各元件的特性。

七、思考题

（1）线性电阻与非线性电阻的概念是什么？电阻器与二极管的伏安特性有何区别？

（2）设某器件伏安特性曲线的函数式为 $I = f(U)$，试问在逐点绘制曲线时，其坐标变量应如何放置？

（3）稳压二极管与普通二极管有何区别？其用途如何？

4.6 *RC* 电路的特性测试

一、实验应具备的基础知识

掌握一阶 *RC* 动态电路的零输入响应、零状态响应、积分电路和微分电路的相关知识，能够从理论上对一阶 *RC* 电路进行电压、电流分析，熟悉响应表达式，熟悉 Multisim 软件的基本使用方法。

二、实验目的

(1) 通过模拟仪器测试 *RC* 电路的零输入、零状态响应特性。

(2) 通过模拟示波器观察微分电路和积分电路的波形，进一步熟悉其特性。

(3) 学习使用 Multisim 软件进行电路模拟仿真的方法。

三、实验原理

在含有电容元件或电感元件的电路中，当电路发生换路时，电路中电流或电压的变化需要经过一定的过渡过程。

1. *RC* 电路的零状态响应(电容 *C* 充电)

在图 4.6.1(a)所示 *RC* 串联电路中，开关 S 在 1 位置时电容未储有能量，在 $t=0$ 时将开关 S 合到位置 2 上，电路即与一恒压源 *U* 接通，开始对电容元件充电。此时电路的响应称为 *RC* 电路的零状态响应。$u_C(t)=U_0(1-e^{-\frac{t}{\tau}})$，$u_R(t)=U_0 e^{-\frac{t}{\tau}}$，$i(t)=\frac{U_0}{R}e^{-\frac{t}{\tau}}$ 的响应曲线如图 4.6.1(b)所示。当 $u_C(t)$ 上升到 $0.632U_0$ 所需的时间称为时间常数 τ，$\tau=RC$，*R*、*C* 自取。

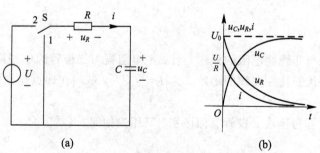

(a)	(b)

图 4.6.1　*RC* 电路的零状态响应

2. *RC* 电路的零输入响应(电容 *C* 充电)

在图 4.6.2(a)所示 *RC* 串联电路中，开关 S 在位置 2 时电路处于稳定状态，电容上的电压 $u_C(0_-)=U_0$。在 $t=0$ 时将开关从位置 2 转换到位置 1，输入信号为零，此时电容元件

经过电阻 R 开始放电，称为 RC 电路的零输入响应。$u_C(t) = U_0 \mathrm{e}^{-\frac{t}{\tau}}$，$u_R(t) = -U_0 \mathrm{e}^{-\frac{t}{\tau}}$，$i(t) = -\dfrac{U_0}{R} \mathrm{e}^{-\frac{t}{\tau}}$ 的响应曲线如图 4.6.2(b) 所示。当 $u_C(t)$ 下降到 $0.368U_0$ 所需的时间称为时间常数 τ，$\tau = RC$。

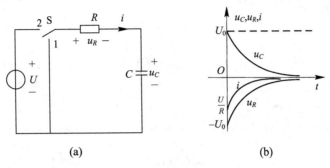

（a）   （b）

图 4.6.2　RC 电路的零输入响应

3. 积分电路

图 4.6.3(a) 所示 RC 电路中，当方波信号脉冲宽度满足 $t_p \ll \tau = RC$ 时，电容两端的电压 $u_C(t)$ 与方波信号 u_1 成积分关系 $u_C \approx \dfrac{1}{RC} \displaystyle\int u_1 \mathrm{d}t$，该电路称为积分电路。

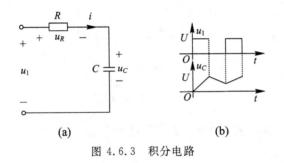

（a）   （b）

图 4.6.3　积分电路

4. 微分电路

图 4.6.4 所示 RC 电路中，当方波信号脉冲宽度满足 $t_p \gg \tau = RC$ 时，电阻两端的电压 $u_R(t)$ 与方波信号 u_1 成微分关系 $u_R \approx RC \dfrac{\mathrm{d}u_1}{\mathrm{d}t}$，该电路称为微分电路。

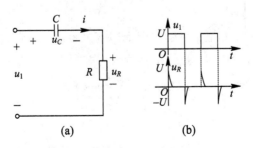

（a）   （b）

图 4.6.4　微分电路

四、实验内容

1. RC 电路的充放电特性测试

（1）电路的创建。

运行 Multisim 软件，创建图 4.6.5 所示电路并存盘。存盘方法是选择 File/Save as 命令，弹出对话框后，选择合适的路径并输入文件名，再按下"确定"按钮。Multisim 自动为电路文件添加后缀".ms10"。

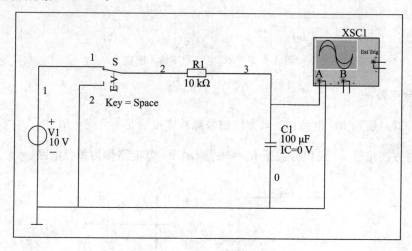

图 4.6.5 RC 充放电电路

（2）设置元器件参数；连接测试仪器，为区分两路不同的波形，设置连接到示波器输入端的连线为不同颜色。

（3）观察 RC 电路的暂态过程。将开关从"2"拨向"3"位置，从示波器上观察电容充电波形。适当调整示波器的"扫描频率"按钮，以便观察到良好的电容充电波形。

按下电路"启动/停止"开关，仿真实验开始。若再次按下"启动/停止"开关，仿真实验结束。若实验过程暂停，可单击右上角的"Pause"按钮；再次单击"Pause"按钮，实验恢复运行。

再将开关从"3"拨向"2"位置，从示波器上观察电容放电波形。

（4）单击"元器件特性"按钮，观察仿真波形。若波形坐标不合适或波形不清晰，可调整波形坐标。将实验电路及波形分别复制到 Word 文档并保存。

2. RC 微分电路

（1）按照微分电路的条件，选择适当的电阻、电容参数（$\tau \leqslant 0.1T$）构成微分电路，输出电压取自电阻两端。观察微分电路的输出电压波形，电路如图 4.6.6 所示。

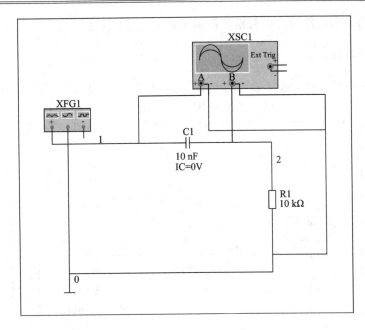

图 4.6.6　RC 微分电路

（2）调节信号发生器参数。

双击信号发生器，出现 Function Generator 窗口，选择方波波形，Frequency（频率）设置为 1 kHz，Duty Cycle（占空比）设置为 50％，Amplitude（幅值）设置为 5 V，Offset（直流补偿）设置为 5 V（此时输出正方波），如图 4.6.7 所示。

（3）调节示波器参数。

双击示波器，设置合适的 Timebase（时基），输入方式选择"DC"，Channel A 及 Channel B 灵敏度选择为 5V/Div（即 A、B 两通道的 Y 轴灵敏度保持一致，调节范围以在屏幕上显示的波形幅度适中为准），如图 4.6.8 所示。

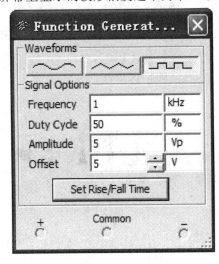

图 4.6.7　函数信号发生器参数设置

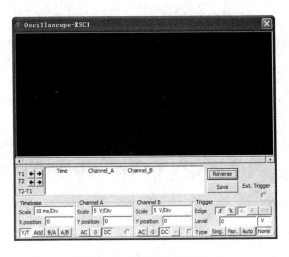

图 4.6.8　示波器参数设置

（4）单击"元器件特性"按钮，观察仿真波形。若波形坐标不合适或波形不清晰，可调整波形坐标。将实验电路及波形分别复制到 Word 文档并保存。

3. *RC* 积分电路

按照积分电路的条件，选择适当的电阻、电容参数（$\tau \geqslant 0.1T$）构成积分电路，输出电压取自电容两端。观察积分电路的输出电压波形，电路如图 4.6.9 所示。

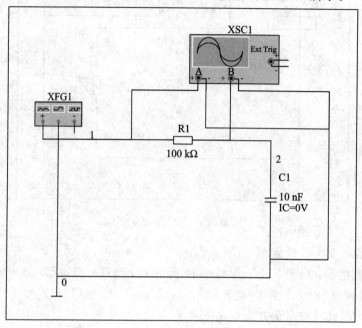

图 4.6.9　*RC* 积分电路

五、实验数据处理

（1）根据实验记录结果，整理、绘制出 *RC* 一阶电路充、放电时的 $u_C(t)$ 变化曲线，由曲线测得 τ 值，分析误差原因。

（2）根据实验记录结果，总结、归纳积分电路和微分电路的构成条件。

六、思考题

（1）改变 *RC* 微分电路和积分电路的时间常数，波形会如何变化？

（2）根据实验结果思考微分电路和积分电路在实际中有什么应用？

4.7　*RLC* 串联谐振电路的研究

一、实验应具备的基础知识

熟悉单一参数的交流电路特性，熟悉 *RLC* 串联电路的特性，掌握 *RLC* 串联电路的谐振条件、谐振特点、品质因数等概念。

二、实验目的

(1) 学习用实验方法绘制 *RLC* 串联电路的幅频特性曲线。

(2) 加深理解 *RLC* 串联电路发生谐振的条件、特点，掌握电路品质因数的物理意义及其测定方法。

三、实验仪器与设备

实验所需仪器与设备见表 4.7.1

表 4.7.1　实验仪器与设备

序　号	名　　称	数　量	型　　号
1	函数信号发生器	1	EE1410
2	交流毫伏表	1	LM2191
3	频率计	1	
4	数字示波器	1	TDS1000C - EDU
5	谐振电路板	1	

四、实验原理

在图 4.7.1 所示的 *RLC* 串联电路中，当正弦交流信号源的频率 f 改变时，电路中的感抗、容抗随之而变，电路中的电流也随 f 而变。取电阻 R 上的电压 u_o 作为响应，当输入电压 u_i 维持不变时，在不同信号频率的激励下，测出 u_o 的有效值，然后以 f 为横坐标，以 U_o/U_i 为纵坐标，绘出光滑的曲线，此即为幅频特性，亦称谐振曲线，如图 4.7.2 所示。

在 $f = f_0 = \dfrac{1}{2\pi\sqrt{LC}}$ 处（$X_L = X_C$），即幅频特性曲线尖峰所在的频率点电路发生谐振，该频率称为谐振频率，此时电路呈纯阻性，电路阻抗的模最小。在输入电压 u_i 为定值时，电路中的电流达到最大值，且与输入电压 u_i 同相位，从理论上讲，此时 $U_i = U_R = U_o$，$U_L =$

$U_C = QU_i$，式中的 Q 称为电路的品质因数。

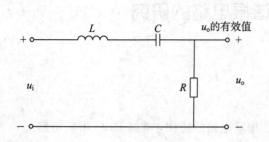

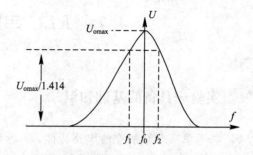

图 4.7.1 RLC 串联谐振电路　　　　图 4.7.2 RLC 串联谐振电路电压—频率曲线

　　电路品质因数 Q 值的测量方法有两种：一是根据公式 $Q = \dfrac{U_L}{U_o} = \dfrac{U_C}{U_o}$ 测定，其中 U_C 与 U_L 分别为谐振时电容器 C 和电感线圈 L 上的电压；另一种方法是通过测量谐振曲线的通频带宽度，再根据 $Q = \dfrac{f_0}{f_2 - f_1}$ 求出 Q 值，式中 f_0 为谐振频率，f_2 和 f_1 是失谐时幅度下降到最大值的 $\dfrac{1}{\sqrt{2}}$（0.707）倍时的上、下频率点。Q 值越大，曲线越尖锐，通频带越窄，电路的选择性越好。在恒压源供电时，电路的品质因数、选择性与通频带只决定于电路本身的参数，而与信号源无关。

五、实验内容

　　按图 4.7.3 组成电压监视、测量电路，用交流毫伏表测电压，用示波器监视信号源输出，令其输出电压 $U_i \leqslant 3\ \text{V}$，并保持不变。

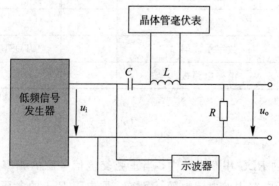

图 4.7.3 电压监视、测量电路

1. 电路谐振条件验证

　　(1)利用电压表测量电感元件和电容元件的电压值，两者相等时即为串联谐振。

　　(2)利用示波器观察电源电压与电阻两端电压的波形，两者同相即为串联谐振。

　　该实验要求同学自行设计电路参数，根据理论计算出谐振时的电感、电容大小，并选取几组不同的数值,通过改变元件参数得到谐振的条件。记录每一组测试时电容、电感的参数及电源电压与电感、电容两端电压的大小。

2. RLC 串联谐振电路的特点

(1) 谐振时,电路为阻性,阻抗最小,电流最大。可在电路中串入一电流表,在改变电路参数的同时观察电流的读数并记录,验证电路发生谐振时电流是否为最大。

(2) 谐振时,电源电压与电流同相。这可以通过示波器观察电源电压和电阻负载两端电压的波形是否同相得到。

(3) 谐振时,电感电压与电容电压大小相等,相位相反。这可以通过示波器观察电感和电容两端的波形是否反相得出,还可用电压表测量其大小。

3. 找出电路的谐振频率 f_0

方法是,将毫伏表接在 R(330 Ω)两端,令信号源的频率由小逐渐变大(注意要维持信号源的输出幅度不变),当 U_o 的读数为最大时,读得频率计上的频率值即为电路的谐振频率 f_0,并测量 U_L 和 U_C 之值(注意及时更换毫伏表的量限)。

4. 测量 RLC 串联谐振电路各点电压值

在谐振点两侧,按频率递增或递减 500 Hz 或 1 kHz,依次各取 8 个测量点,逐点测出 U_o(V)、U_L(V)、U_C(V)之值,记入表 4.7.2。

表 4.7.2 RLC 串联谐振电路各电压测量值(1)

f/Hz								
U_o/V								
U_L/V								
U_C/V								
$U_i = 3$ V, $R = 330$ Ω, $f_0 =$, $Q =$, $f_2 - f_1 =$								

改变电阻值,重复步骤 2~4,测量结果记入表 4.7.3。

表 4.7.3 RLC 串联谐振电路各电压测量值(2)

f/Hz								
U_o/V								
U_L/V								
U_C/V								
$U_i = 3$ V, $R = 2.2$ KΩ, $f_0 =$, $Q =$, $f_2 - f_1 =$								

5. 仿真测试

运行 Multisim 软件,执行 Analysis → AC Frequency 命令,得到电路的幅频特性和相频特性曲线。

六、实验数据处理

（1）根据表格记录数据绘制曲线图，并与计算机仿真测试的幅频特性曲线相比较。

（2）由数据记录表确定 RLC 串联电路的谐振频率，计算电路品质因数 Q 值。

七、思考题

（1）RLC 串联谐振电路中 u_L 和 u_C 的波形是否正好反相？如有差别请分析原因。

（2）品质因数 Q 对 RLC 振荡电路的频率选择性有什么影响？

4.8　三相交流电路

一、实验应具备的基础知识

了解三相四线制交流电源的供电方法和特点，掌握三相交流电路中线电压、相电压、相电流、线电流的概念以及线电压与相电压、线电流与相电流之间的数值及相位关系，了解三相负载的星形连接和三角形连接的连接方式和特点。

二、实验目的

(1) 了解三相四线制电源，理解三相四线制供电系统中中线的作用。

(2) 熟悉三相负载的连接方式，掌握三相交流负载的星形和三角形连接方法。

(3) 验证三相电路中的相电压、线电压及相电流、线电流的关系。

三、实验仪器与设备

实验仪器与设备见表 4.8.1。

表 4.8.1　实验仪器与设备

序　号	名　　称	数　量	型　号
1	电工技术实验台	1	
2	数字万用表	1	VC8045
3	交流功率表	1	

四、实验原理

1. 三相四线制电源

三相四线制电源的线电压 U_l 和相电压 U_p 在数值上的关系为

$$U_l = \sqrt{3}\,U_p$$

线电压即任意两火线之间的电压值；相电压即任一火线与零线之间的电压值。

三相四线制的电压值一般指线电压的有效值。如："三相 380 V 电源"指线电压为 380 V，相电压为 220 V 的三相交流电源；"三相 220 V 电源"指线电压为 220 V，相电压为 127 V 的三相交流电源。

2. 负载作星形连接

若负载采用星形连接，在有中线的情况下，不论负载对称还是不对称，其线电压 U_l 为相电压 U_p 的 $\sqrt{3}$ 倍，线电流 I_l 与相电流 I_p 相等，即

$$U_l = \sqrt{3}U_p, \quad I_l = I_p$$

当负载对称时，各相电流相等，流过中性线的电流为 0，所以可以省去中线。若负载不对称且又无中线，则线、相电压之间不再满足 $\sqrt{3}$ 倍关系，且负载各相之间的相电压也不平衡，使负载不能正常工作，所以负载不对称时不可随意将中线断开。负载星形连接电路如图 4.8.1 所示。

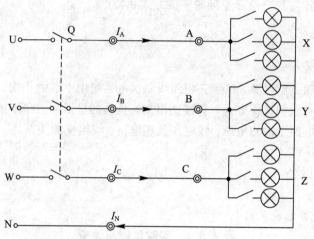

图 4.8.1　三相负载的星形连接

3. 负载作三角形连接

三相负载采用三角形连接时，不论负载对称与否，其线电压均等于相电压 $U_l = U_p$。当负载对称时，其相电流也对称，相电流与线电流之间的关系为 $I_l = \sqrt{3}I_p$；当负载不对称时，相电流与线电流不再满足 $\sqrt{3}$ 的关系。三相负载三角形连接的电路如图 4.8.2 所示。

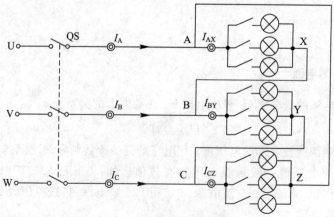

图 4.8.2　三相负载的三角形连接

五、实验内容

1. 可调交流电源输出电压的调节

（1）将实验台电源电压指示切换开关置于"开"侧，旋转调压器旋钮至零位，三只电压表指针回到零位。

（2）按顺时针方向缓慢旋动三相自耦调压器的调节旋钮，三只电压表指针随之偏转，即指示三相可调电压输出端 U、V、W 两两之间的线电压值，调至所需的电压值，实验做完后将旋钮调回零位。

2. 测量三相四线制电源的线、相电压值

三相调压器输出电压调至 220 V，用交流电压表测量其线电压和相电压，记入表 4.8.2 中。

表 4.8.2　三相电源线/相电压测量值

三相 220 V 电源	U_{UV}	U_{VW}	U_{WU}	U_{UN}	U_{VN}	U_{WN}

3. 三相负载星形连接

按照图 4.8.1 连接实验电路，三相调压器输出接到三相灯组负载，注意检查自耦调压器的调节旋钮是否归零。将交流安培表连接好电流插头，以备测电流使用。

（1）将负载电灯全部打开，形成三相对称负载。

（2）改变负载，使 A 相开一个灯，B 相开两个灯，C 相开三个灯，形成三相不对称负载，按照表 4.8.3 中的条件要求测量各电量。

表 4.8.3　星形连接数据记录表

条件 被测量		负载对称		负载不对称	
		有中线	无中线	有中线	无中线
线电压	U_{AB}/V				
	U_{BC}/V				
	U_{CA}/V				
相电压	U_{AX}/V				
	U_{BY}/V				
	U_{CZ}/V				

条件 被测量		负载对称		负载不对称	
		有中线	无中线	有中线	无中线
电流	I_A/A				
	I_B/A				
	I_C/A				
	I_N/A				

4. 三相负载三角形连接

按照图 4.8.2 连接实验电路，先将负载作三角形连接，再与三相调压器输出相连，注意检查自耦调压器的调节旋钮是否归零。检查无误后接通电源，按照表 4.8.4 中的条件要求测量并记录。不对称负载为 A 相开一个灯，B 相开两个灯，C 相开三个灯。

表 4.8.4 三角形连接数据记录表

被测量 电路状态	线电压/V			线电流/mA			相电流/mA		
	U_{AB}/V	U_{BC}/V	U_{CA}/V	I_A/mA	I_B/mA	I_C/mA	I_{AX}/mA	I_{BY}/mA	I_{CZ}/mA
对称负载									
不对称负载									

六、实验数据处理

（1）根据测量数据验证对称星形负载的相电压和线电压、对称三角形负载的线电流和相电流是否符合 $\sqrt{3}$ 倍原则。

（2）根据不对称负载三角形连接时的相电流值绘制相量图，并求出线电流值，然后与实验测量值比较。

七、思考题

（1）根据实验测得的数据和观察到的现象，总结三相四线制供电系统中中线的作用。

（2）根据实验总结三相负载根据什么条件作星形或三角形连接？

（3）有一盏灯泡其额定电压为 220 V，功率为 100 W，若接于"三相 380 V 电源"时应如何接入？若接于"三相 220 V 电源"时又应如何接入才能保证其在额定电压下正常工作？要求画出示意图。

4.9　二阶电路的时域响应

一、实验应具备的基础知识

了解二阶电路的响应特点和电压、电流表达方法，了解零输入响应、零状态响应以及全响应的基本概念，了解二阶电路在不同阻尼情况下的响应特点和电路参数对衰减系数、振荡频率的影响。

二、实验目的

（1）学习用实验的方法来研究二阶电路的响应，理解零输入响应、零状态响应和全响应的基本概念。

（2）观察分析二阶电路在欠阻尼、临界阻尼和过阻尼三种情况下响应波形的规律和特点，以加深对二阶电路响应的认识与理解。

（3）学习二阶电路衰减系数、振荡频率的测量方法，分析电路参数对它们的影响。

（4）掌握用 Multisim 软件绘制、分析电路原理图的方法。

三、实验原理

用二阶微分方程描述的动态电路称为二阶电路。图 4.9.1 所示为 RLC 串联二阶电路，它可用二阶线性常系数微分方程来描述：

$$LC \frac{\mathrm{d}^2 u_C}{\mathrm{d}t^2} + RC \frac{\mathrm{d}u_C}{\mathrm{d}t} + u_C = U_s$$

若已知初始值为 $u_C(0_-) = U_0$，$I_L(0_-) = I_0$，则可求解出 $u_C(t)$、$u_L(t)$ 和 $i(t)$ 的表达式。

无论对于零输入响应还是零状态响应，电路过渡过程的响应完全由特征方程 $LCp^2 +$

$RCp + 1 = 0$ 的特征根 $p_{1,2} = -\dfrac{R}{2L} \pm \sqrt{\left(\dfrac{R}{2L}\right)^2 - \dfrac{1}{LC}}$ 来决定，一般分三种情况来讨论：

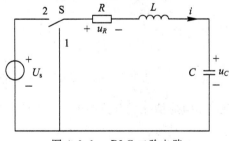

图 4.9.1　RLC 二阶电路

（1）当 $R > 2\sqrt{\dfrac{L}{C}}$ 时，电路中的电阻过大，$p_{1,2}$ 是两个不相等的负实根，称为过阻尼情况，电路中电压、电流呈现出非周期振荡衰减的特点，二阶电路零输入响应曲线如图 4.9.2 所示。

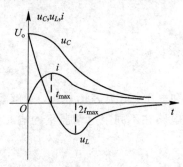

图 4.9.2　过阻尼放电过程中 $u_C(t)$、$u_L(t)$ 和 $i(t)$ 的波形

（2）当 $R < 2\sqrt{\dfrac{L}{C}}$ 时，电路中的电阻过小，$p_{1,2}$ 是一对共轭负根，称为欠阻尼情况。电容电压为 $u_C(t) = A\mathrm{e}^{-\delta t}\cos(\omega t + \beta)$，其中，$\delta = \dfrac{R}{LC}$ 为振荡电路的衰减系数，$\omega_0 = \dfrac{1}{\sqrt{LC}}$ 为无阻尼振荡角频率，$\omega = \sqrt{\dfrac{1}{LC} - \left(\dfrac{R}{2L}\right)^2}$ 为阻尼振荡角频率，$\beta = \arctan\dfrac{\omega}{\delta}$。电路中电压、电流呈现出周期振荡衰减的特点，二阶电路零输入响应曲线如图 4.9.3 所示。

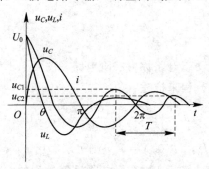

图 4.9.3　欠阻尼放电过程中 $u_C(t)$、$u_L(t)$ 和 $i(t)$ 的波形

利用振荡周期 T、u_{C1}、u_{C2} 可以计算出阻尼振荡角频率为 $\omega = \dfrac{2\pi}{T}$，衰减系数 $\delta = \dfrac{1}{T}\ln\dfrac{u_{C1}}{u_{C2}}$。

（3）当 $R = 2\sqrt{\dfrac{L}{C}}$ 时，电路中的电阻适中，$p_{1,2}$ 是两个相等的负实根，它是振荡过程与非振荡过程的分界线，称为临界阻尼情况。电路中电压、电流呈现出非周期振荡衰减的特点，其衰减过程的曲线与图 4.9.2 类似。

（4）当 $R = 0$ 时，$p_{1,2}$ 是一对纯虚根，称为无阻尼情况。电路中电压、电流呈现出等幅振荡的特点。

四、实验内容

1. 二阶电路不同工作状态的波形分析

利用 Multisim 软件从元器件库中选择电感、电容、可变电阻，按照图 4.9.1 绘制电路图，搭建的二阶仿真电路图如图 4.9.4 所示，其中，$L=10 \text{ mH}$，$C=22 \text{ nF}$。为防止仿真数据的离散性，绘图时尽量选用虚拟元件。

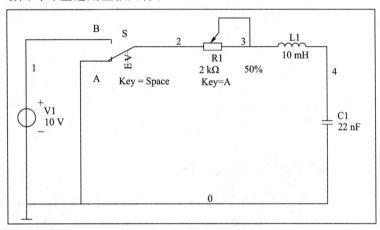

图 4.9.4　二阶电路仿真电路图

设置电阻 R 的阻值分别为 $0 \text{ }\Omega$、$510 \text{ }\Omega$、$1.3 \text{ k}\Omega$、$2 \text{ k}\Omega$，使电路分别工作在无阻尼、欠阻尼、临界阻尼和过阻尼状态。

（1）将开关打到 A 位置，设置电容初始电压为 5 V，电感初始电流为 0 A，利用 Multisim 瞬态分析命令（Simulate→Analysis→Transient Analysis）分析二阶电路的零输入响应，并在表 4.9.1 中记录相应响应曲线。

（2）将开关打到 B 位置，设置电容初始电压为 0 V，电感初始电流为 0 A，电源电压为 10 V，利用 Multisim 瞬态分析命令分析二阶电路的零状态响应，并在表 4.9.1 中记录响应曲线。

表 4.9.1　二阶电路暂态过程数据记录

R	阻尼状态属性 （无、欠、临界、过）	零输入响应曲线	零状态响应曲线
$0 \text{ }\Omega$			
$510 \text{ }\Omega$			
$1.3 \text{ k}\Omega$			
$2 \text{ k}\Omega$			

（3）利用 Multisim 中的函数信号发生器、示波器创建图 4.9.5 所示电路，观测记录二阶电路在无阻尼、欠阻尼、临界阻尼和过阻尼状态的零输入响应曲线和零状态响应曲线，并与步骤（1）、（2）仿真结果进行比较。

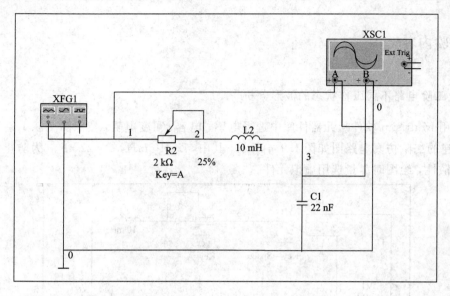

图 4.9.5　二阶电路仿真电路图

2. 二阶电路不同参数下衰减振荡波形的测定

欠阻尼情况下，改变电阻 R 的数值，用示波器观察输出波形，根据记录的振荡周期 T 和 u_{C1}、u_{C2} 的数值计算阻尼振荡角频率和衰减系数，将数据记入表 4.9.2 中。

表 4.9.2　二阶电路欠阻尼情况下数据记录

R/Ω	振荡周期 T	第一波峰峰值 u_{C1}	第二波峰峰值 u_{C2}	ω 测量值	ω 计算值	δ 测量值	δ 计算值	波形
100								
330								
510								
1000								

五、实验数据处理

（1）根据表 4.9.1 数据绘制二阶电路无阻尼、欠阻尼、临界阻尼和过阻尼时的响应曲线。

（2）根据表 4.9.2 数据记录结果，计算欠阻尼振荡曲线的衰减系数和阻尼振荡角频率，并分析电阻 R 对过渡过程的影响。

六、思考题

总结二阶电路零状态响应和零输入响应的特点，分析参数对电路响应的影响。

4.10　三相异步电动机点动、正反转及反接制动综合实验

一、实验应具备的基础知识

熟悉常用控制电器的图形符号和电动机的控制电路接线。熟悉接触器、热继电器、时间继电器和按钮等器件的构成、工作原理及其在电路中的作用。熟悉三相异步电动机点动、正反转和反接制动的工作原理，并理解自锁、互锁的概念。

二、实验目的

(1) 了解按钮、中间继电器、时间继电器、速度继电器及接触器的结构、工作原理及使用方法。

(2) 掌握三相异步电动机点动、正反转及反接制动的工作原理和接线方法。

(3) 熟悉电气控制实验装置的结构及元器件安装工艺。

(4) 掌握电气控制线路的故障分析及排除方法。

三、实验仪器与设备

实验仪器与设备见表 4.10.1。

表 4.10.1　实验仪器与设备

序　号	名　　　称	数　量
1	三相鼠笼式异步电动机	1
2	交流接触器	3
⋮	⋮	⋮
10	三相启动变阻器	1套
11	连接导线及相关工具	若干

四、实验原理

在生产过程中，经常需要改变电动机的旋转方向，如机床工作台的前进与后退。要改变电动机的旋转方向，只需改变接到电动机的三相电源的相序即可。有时也需要快速调整被控对象，如机床的调整对刀、快速移动等，这要求电动机具有点动控制功能。对于转动惯量比较大的被控对象，停车时不宜立即停止转动，因此要求电动机具有停车制动功能。异步电动机在改变它的电源相序后，电动机定子的旋转磁场方向反向，则电动机产生反向

启动转矩,与正向惯性转动转矩平衡,起到制动作用。

三相异步电动机点动、正反转及反接制动的主回路参考原理图如图 4.10.1(a)所示,三相异步电动机点动、正反转及反接制动的控制回路参考原理图如图 4.10.1(b)所示。

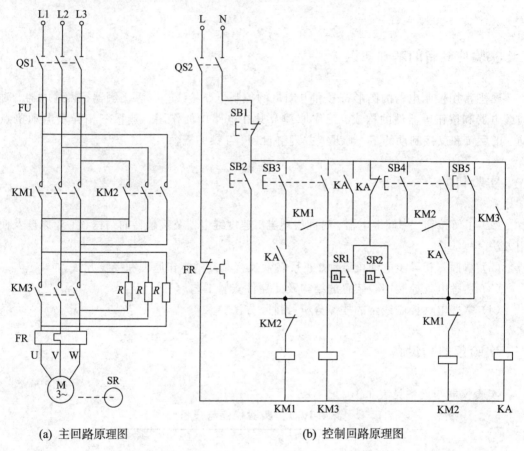

(a) 主回路原理图　　　　　　　(b) 控制回路原理图

图 4.10.1　三相异步电动机点动、正反转及反接制动电路原理图

SB2 为电动机正向点动控制按钮,按下 SB2 按钮,KM1 线圈得电,电动机 M 正向转动,此时 KM3 线圈未得电,其主触点不闭合,电阻 R 接入主电路限流。SB5 为电动机反向点动控制按钮,原理与 SB2 控制过程类似。

SB3 为正向转动控制按钮,按下 SB3 按钮,其动合触点接通线圈 KM3,KM3 主触点将限流电阻 R 短接,KM3 动合触点使中间继电器 KA 线圈得电,KA 动断触点将反接制动电路切除,KA 动合触点与 SB3 动合触点使 KM1 线圈得电并自锁,电动机 M 正向旋转。SB4 为反向转动控制按钮,原理与 SB3 控制过程类似。

SB1 为停车按钮,按下 SB1 按钮,KM1、KM3、KA 线圈失电,KA 动断触点恢复闭合状态,与速度继电器 SR2 触点一起将 KM2 线圈接通,电动机接入反相序电流,电动机开始制动。当电动机速度趋于零时,速度继电器 SR2 触点打开,KM2 线圈失电,完成正转的反接制动。反转的反接制动与正转的反接制动类似。

五、实验内容

动力主回路电源接三路小型断路器输出端 L1、L2、L3，供电线电压为 380 V；二次控制回路电源接小型断路器输出端 L、N，供电电压为 220 V；三相鼠笼式异步电动机采用 Y 接法。

参考图 4.10.1 分别完成主回路和控制回路的接线，用万用表检查无误后，方可进行通电操作。

（1）合上小型断路器 QS1、QS2，启动主回路和控制回路的电源。

（2）按下 SB2 正向点动按钮，电动机正向旋转，观察电动机的转向及接触器的运行情况。

（3）按下 SB5 反向点动按钮，电动机反向旋转，观察电动机的转向及接触器的运行情况。

（4）按下 SB3 正向转动按钮，电动机正向旋转，观察电动机的转向及接触器的运行情况。按下停止按钮 SB1，使电动机停止。

（5）按下 SB4 反向转动按钮，电动机反向旋转，观察电动机的转向及接触器的运行情况。按下停止按钮 SB1，使电动机停止。

（6）按正向（或反向）启动按钮，电动机启动后，再去按反向（或正向）启动按钮，观察有何情况发生。

（7）电动机停稳后，同时按正、反向两只启动按钮，观察有何情况发生。

（8）打开热继电器的盖子，当电动机启动后，人为拨动双金属片模拟电动机过载情况，观察电动机、接触器动作情况。

（9）实验完毕，切断三相交流电源，拆除连线。

六、实验总结

（1）指出图 4.10.1 中实现短路保护、过载保护和零压保护的器件名称及作用。

（2）若在实验中发生故障，例如电动机不转、接触器不工作等，记录故障原因，说明用万用表如何排除电路故障。

七、思考题

（1）布置各电气元件时应该从哪些方面考虑？

（2）图 4.10.1 电路中，控制电路是如何实现电气互锁的？

4.11 变压器极性的测定

一、实验应具备的基础知识

熟悉变压器的种类、结构,理解变压器的工作原理、变压器的作用、变压器的铭牌数据;理解变压器的同名端、异名端,了解变压器的极性判定方法。

二、实验目的

(1)掌握单相变压器极性的测定方法。

(2)了解变压器空载运行和负载运行的特性。

(3)熟悉变压器的功能,验证变压器的电压、电流及阻抗变换作用。

三、实验仪器与设备

实验仪器与设备见表 4.11.1。

表 4.11.1 实验仪器与设备

序 号	名 称	数 量	型 号
1	电压表	1	T51
2	电流表	1	
3	数字万用表	1	VC8045
4	直流稳压电源	1	
5	交流电压源	1	
6	单相变压器	1	

四、实验原理

1. 变压器绕组的极性

变压器绕组的极性是指变压器原、副绕组在同一磁通的作用下所产生的感应电势之间的相位关系。

同极性端(同名端):任何瞬间,两绕组中电势极性相同的两个端钮,用星号"＊"或黑点"·"表示,如图 4.11.1 所示。

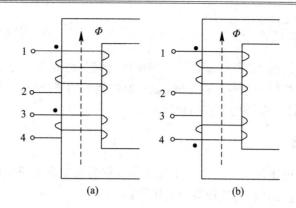

图 4.11.1　变压器绕组的极性

如图 4.11.1(a)所示，已知一、二次绕组的方向，当电流从 1 和 3 流入时，它们所产生的磁通方向相同，因此 1、3 端是同名端，同样 2、4 端也是同名端。同理可知在图 4.11.1(b)中，当电流从 1、4 流入时，所产生的磁通方向相同，则 1、4 也是同名端。

2. 单相变压器绕组极性的判别

1) 交流法(电压表法)

测量方法如图 4.11.2 所示。

将 2 和 4 端连起来，在它的原绕组上加适当的交流电压，副绕组开路。用工厂中常用的 36 V 照明变压器输出的 36 V 交流电压进行测试，测试时方便又安全。

用电压表分别测出原边电压 U_{12}、副边电压 U_{34} 和 1-3 两端电压 U_{13}，则 $U_{13}=U_{12}-U_{34}$ 时 1 和 3 是同名端，$U_{13}=U_{12}+U_{34}$ 时 1 和 4 是同名端。

采用这种方法，应使电压表的量限大于 $U_{12}+U_{34}$。

2) 直流法

测量方法如图 4.11.3 所示。

接通开关，在通电瞬间，注意观察电流计指针的偏转方向，如果电流计的指针正方向偏转，则表示变压器接电池正极的端子和接电流计正极的端子为同名端(1、3)；如果电流计的指针负方向偏转，则表示变压器接电池正极的端子和接电流计负极的端子为同名端(2、4)。

采用这种方法，应将高压绕组接电池，以减少电能的消耗，而将低压绕组接电流计，减少对电流计的冲击。

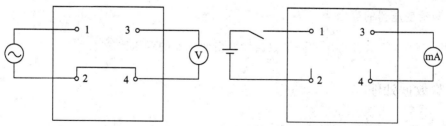

图 4.11.2　交流法测变压器绕组极性　　图 4.11.3　直流法测变压器绕组极性

3. 同名端的说明

无论单相变压器的高、低压绕组还是三相变压器同一相的高、低压绕组都是绕在同一铁芯柱上的。它们是被同一主磁通所交链,高、低压绕组的感应电势的相位关系只有两种可能,一种同相,一种反相(相位差为180°)。

4. 变压器的变比

变比指变压器的电压比或电流比。在变压器空载运行的条件下,输入绕组的电压 U_1 和输出绕组的电压 U_2 之比称为变压器的变压比:

$$K = \frac{U_1}{U_2}$$

变压比是变压器的一个重要的性能指标,测量变压器变压比的目的是:
(1) 保证绕组各个分接的电压比在技术允许的范围之内;
(2) 检查绕组匝数的正确性;
(3) 判定绕组各分接的引线和分接开关连接是否正确。

五、实验内容

1. 交流法测量变压器极性

接线前检查自耦调压器的调节旋钮是否调至零。按图 4.11.2 接线,接通交流电源,令调压器输出一个很低的电压(不高于安全电压),使线路中流过的电流较小,然后用交流电压表测量 U_{12}、U_{34}、U_{13},测量结果记录于表 4.11.2,判断极性。

表 4.11.2 测得的电压值

电 压	U_{12}	U_{34}	U_{13}
测量值			

2. 直流法测量变压器的极性

实验电路如图 4.11.3 所示,调节直流稳压电源输出电压为 6 V。变压器副边串联接入指针式电流表,接通电源,观察指针的偏转方向,判断极性。

3. 测量变压器的变比

利用实验内容 1、2 得出的测量数据计算出变压器的变压比。

六、实验数据处理

根据测量的电压值,确定变压器的同名端。

七、注意事项和结果分析

(1) 直流法确定极性时，试验过程应反复操作数次，以免因表针摆动快而作出错误的结论。

(2) 在测量组别时，对于变压比大的变压器应选择较高的电压和小量程的直流毫伏表、微安表或万用表；对变压比小的变压器应选用较低的电压和较大量程的毫伏表、微安表或万用表。

(3) 变压器的变压比应该在每一个分接下进行测量，当不止一个线圈带有分接时，可以轮流在各个线圈所有分接位置下测定，而其相对的带分接线圈则应接在额定分接上。

(4) 带有载调压装置的变压器，必须采用电动操作装置变换分接。

(5) 整个测量过程要特别注意变压器 1 和 3 端不能对调（见图 4.11.3），否则高压将会进入桥体。

(6) 当逐渐增加试验电压时，电压表迅速上升至满刻度时应关掉电源进行检查。

(7) 对所测得的结果，各相应分接的电压比顺序应与铭牌相同；额定分接电压比允许偏差为 $\pm 0.5\%$，其他分接的偏差应在变压器阻抗值的 1/10 以内，但不能超过 1%。

4.12 受控源电路实验

一、实验应具备的基础知识

理解受控电源的概念和分类，掌握受控源的电路分析方法，理解受控源的转移特性以及负载特性，了解常见受控源电路的组成。

二、实验目的

(1) 理解受控源的物理概念，加深对受控源的认识和理解。

(2) 掌握受控源特性的测量方法，测量受控源转移特性及负载特性。

(3) 了解由运算放大器组成受控源电路的分析方法。

三、实验仪器与设备

实验仪器与设备见表 4.12.1

表 4.12.1 实验仪器与设备

序　号	名　　称	数　量	型　　号
1	电工技术实验台	1	
2	数字万用表	1	VC8045
3	可变电阻箱	1	

四、实验原理

1. 电源

电源有独立电源(如电池、发电机等)与非独立电源(称为受控源)之分。

受控源与独立电源的不同点是：独立电源的电势 E_s 或电流 I_s 是某一固定的数值或是时间的某一函数，它不随电路其余部分的状态而变，而受控源的电势或电流则随电路中另一支路的电压或电流而改变。

受控源又与无源元件不同，无源元件两端的电压和它自身的电流有一定的函数关系，而受控源的输出电压或电流则和另一支路(或元件)的电流或电压有某种函数关系。

2. 受控源

独立源与无源元件是二端器件，受控源则是四端器件，或称为双口元件，它有一对输入端（U_1、I_1）和一对输出端（U_2、I_2）。输入端用以控制输出端电压或电流的大小，施加于输入端的控制量可以是电压或电流，因而有两种受控电压源（即电压控制电压源（VCVS）和电流控制电压源（CCVS）和两种受控电流源（即电压控制电流源（VCCS）和电流控制电流源（CCCS））。

3. 受控源特性

当受控源的电压（或电流）与控制支路的电压（或电流）成正比变化时，该受控源是线性的。

理想受控源的控制支路中只有一个独立变量（电压或电流），另一个独立变量等于零，即从输入口看，理想受控源或者是短路（即输入电阻 $R_1=0$，因而 $U_1=0$），或者是开路（即输入电导 $G_1=0$，因而输入电流 $I_1=0$）；从输出口看，理想受控源或是一个理想电压源或者是一个理想电流源，如图 4.12.1 所示。

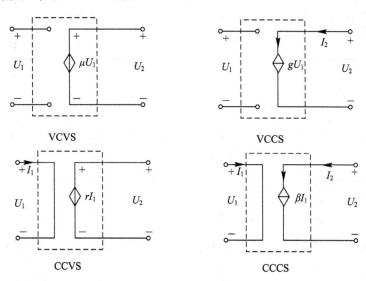

图 4.12.1　理想受控源电路模型

受控源的控制端与受控端的关系式称为转移函数。四种受控源的定义及其转移函数参量的定义如下：

（1）电压控制电压源（VCVS），$U_2=f(U_1)$，$\mu=U_2/U_1$，称为转移电压比（或电压增益）。

（2）电压控制电流源（VCCS），$I_2=f(U_1)$，$g=I_2/U_1$，称为转移电导。

（3）电流控制电压源（CCVS），$U_2=f(I_1)$，$r=U_2/I_1$，称为转移电阻。

（4）电流控制电流源（CCCS），$I_2=f(I_1)$，$\beta=I_2/I_1$，称为转移电流比（或电流增益）。

五、实验内容

（1）测量受控源 VCVS 的转移特性 $U_2=f(U_1)$ 及负载特性 $U_2=f(I_L)$，实验线路如图 4.12.2 所示。

① 固定 $R_L = 2\ \text{k}\Omega$，调节稳压电源输出电压 U_1，测量 U_1 及相应的 U_2 值，将测量数据记入表 4.12.2 中。绘出电压转移特性曲线 $U_2 = f(U_1)$，并在其线性部分求出转移电压比 μ。

表 4.12.2 VCVS 受控源转移特性数据记录表

U_1/V	0	1	2	3	4	5	6	7	8
U_2/V									

② 保持 $U_1 = 2\ \text{V}$，调节可变电阻箱 R_L 的阻值，测出 U_2 及 I_L，绘制负载特性曲线 $U_2 = f(I_L)$。

表 4.12.3 VCVS 受控源负载特性数据记录表

$R_L/\text{k}\Omega$	50	20	10	8	4	2	1
I_L/mA							
U_2/V							

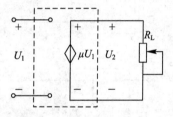

图 4.12.2 VCVS 实验线路图　　　图 4.12.3 VCCS 实验线路图

(2) 测量受控源 VCCS 的转移特性 $I_L = f(U_1)$ 及负载特性 $I_L = f(U_2)$，实验线路如图 4.12.3 所示。

① 固定 $R_L = 2\ \text{k}\Omega$，调节稳压电源的输出电压 U_1，测出相应的 I_L 值，将测量数据记入表 4.12.4 中。绘制 $I_L = f(U_1)$ 曲线，并由其线性部分求出转移电导 g。

表 4.12.4 VCCS 受控源转移特性数据记录表

U_1/V	0	1	2	3	4	5	6	7	8
I_L/mA									

② 保持 $U_1 = 2\ \text{V}$，令 R_L 从大到小变化，测出相应的 I_L 及 U_2，将测量数据记入表 4.12.5 中，并绘制 $I_L = f(U_2)$ 曲线。

表 4.12.5 VCCS 受控源负载特性数据记录表

$R_L/\text{k}\Omega$	50	20	10	8	4	2	1
I_L/mA							
U_2/V							

（3）测量受控源 CCVS 的转移特性 $U_2 = f(I_1)$ 与负载特性 $U_2 = f(I_L)$，实验线路如图 4.12.4 所示。

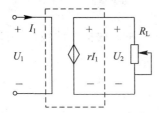 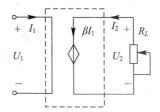

图 4.12.4　CCVS 实验线路图　　　　图 4.12.5　CCCS 实验线路图

① 固定 $R_L = 2\ \mathrm{k\Omega}$，调节恒流源的输出电流 I_1，使其在 $0.05 \sim 0.7\ \mathrm{mA}$ 范围内取 8 个数值，测出 U_2，将测量数据记入表 4.12.6 中。绘制 $U_2 = f(I_1)$ 曲线，并由线性部分求出转移电阻 r。

表 4.12.6　CCVS 受控源转移特性数据记录表

I_1/mA								
U_2/V								

② 保持 $I_1 = 0.5\ \mathrm{mA}$，令 R_L 从 $1\ \mathrm{k\Omega}$ 增至 $8\ \mathrm{k\Omega}$，测出 U_2 及 I_L，将测量数据记入表 4.12.7 中，并绘制负载特性曲线 $U_2 = f(I_L)$。

表 4.12.7　CCVS 受控源负载特性数据记录表

$R_L/\mathrm{k\Omega}$	1	2	3	4	5	6	7	8
I_L/mA								
U_2/V								

（4）测量受控源 CCCS 的转移特性 $I_L = f(I_1)$ 及负载特性 $I_L = f(U_2)$，实验线路如图 4.12.5 所示。

① 固定 $R_L = 2\ \mathrm{k\Omega}$，调节恒流源的输出电流 I_1，使其在 $0.05 \sim 0.7\ \mathrm{mA}$ 范围内取 8 个数值，测出 I_L，将测量数据记入表 4.12.8 中。绘制 $I_L = f(I_1)$ 曲线，并由其线性部分求出转移电流比 β。

表 4.12.8　CCCS 受控源数据记录表

I_1/mA								
I_L/mA								

② 保持 $I_1 = 0.5\ \mathrm{mA}$，令 R_L 从 $1\ \mathrm{k\Omega}$ 增至 $8\ \mathrm{k\Omega}$，测出 U_2 和 I_L，将测量数据记入表 4.12.9 中，并绘制 $I_L = f(U_2)$ 曲线。

表 4.12.9　CCCS 受控源负载特性数据记录表

$R_L/\mathrm{k\Omega}$	1	2	3	4	5	6	7	8
I_L/mA								
U_2/V								

六、实验数据处理

根据实验数据分别绘出四种受控源的转移特性和负载特性曲线，并求出相应的转移参数。

七、思考题

（1）总结受控源的特点，说明四种受控源中的转移参量 μ、g、r 和 β 的意义是什么，它们受电路中哪些参数的影响。

（2）如何由 CCVS 受控源和 VCCS 受控源获得 CCCS 受控源 和 VCVS 受控源？它们的输入、输出端应如何连接？

第 5 章　电子技术实验

5.1　晶体管共发射极放大电路

一、实验应具备的基础知识

掌握三极管的管脚判别方法及使用方法，掌握晶体管放大电路的基本结构及分析方法，会计算单一晶体管电压放大电路的静态工作点参数、电压放大倍数、输入电阻、输出电阻，了解晶体管放大电路的幅频特性。

二、实验目的

(1) 学习放大器静态工作点的调整方法，分析静态工作点对放大器性能的影响。

(2) 掌握单管电压放大电路电压放大倍数、输入电阻、输出电阻等参数的测试方法。

(3) 进一步熟悉常用电子仪器的使用方法。

三、实验仪器与设备

实验仪器与设备见表 5.1.1。

表 5.1.1　实验仪器与设备

序　号	名　称	数　量	型　号
1	模拟电子技术实验箱	1	
2	数字万用表	1	VC8045
3	数字示波器	1	TDS1000C‑EDU
4	晶体管毫伏表	1	LM2191
5	函数信号发生器	1	EE1410

四、实验原理

图 5.1.1 为电阻分压式工作点稳定单级放大器实验电路图。偏置部分采用 R_{B1} 和 R_{B2}

组成的分压电路，并在发射极接有电阻 R_E，以稳定放大器的静态工作点。当放大器的输入端加入信号 u_i 后，放大器的输出端便可得到一个与 u_i 相位相反，幅值被放大了的输出信号 u_o，从而实现了电压放大。

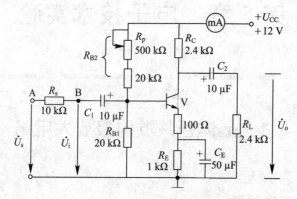

图 5.1.1　共射极单级放大器实验电路

在图 5.1.1 电路中，若流过偏置电阻 R_{B1} 和 R_{B2} 的电流远大于晶体管 V 的基极电流 I_B 时（一般 5～10 倍），则晶体管的静态工作点可用下式估算：

$$U_B \approx \frac{R_{B1}}{R_{B1}+R_{B2}}U_{CC}, \quad I_E \approx \frac{U_B-U_{BE}}{R_E} \approx I_C, \quad U_{CE}=U_{CC}-I_C(R_C+R_E)$$

该放大器的电压放大倍数为

$$A_u = -\beta\frac{R_C \mathbin{/\mkern-5mu/} R_L}{r_{be}}$$

输入电阻为

$$r_i = R_{B1} \mathbin{/\mkern-5mu/} R_{B2} \mathbin{/\mkern-5mu/} r_{be}$$

输出电阻为

$$r_o \approx R_C$$

由于电子器件性能的分散性比较大，因此在设计和制作晶体管放大电路时，需要认真测量和调试。在设计前应测量所用元器件的参数，为电路设计提供必要的依据，在完成设计和装配以后，还必须测量和调试放大器的静态工作点和各项性能指标。一个优质放大器，必定是理论设计与实验调整相结合的产物。因此，除了学习放大器的理论知识和设计方法外，还必须掌握必要的测量和调试技术。

放大器的测量和调试一般包括：放大器静态工作点的测量与调试，消除干扰与自激振荡及放大器各项动态参数的测量与调试等。

1. 放大器静态工作点的测量与调试

1）静态工作点的测量

测量放大器的静态工作点，应在输入信号 $u_i = 0$ 的情况下进行，即将放大器输入端与地端短接，然后选用量程合适的直流毫安表和直流电压表，分别测量晶体管的集电极电流 I_C 以及各电极对地的电位 V_B、V_C 和 V_E。一般实验中，为了避免断开集电极，多采用测量电压 U_E 或 U_C，然后算出 I_C 的方法，例如，只要测出 U_E，即可用

$$I_C \approx I_E = \frac{U_E}{R_E}$$

计算出 I_C（也可根据 $I_C = \dfrac{U_{CC} - U_C}{R_C}$，由 U_C 确定 I_C），同时也能算出 $U_{BE} = V_B - V_E$，$U_{CE} = V_C - V_E$。

为了减小误差，提高测量精度，应选用内阻较高的直流电压表。

2）静态工作点的调试

放大器静态工作点的调试是指对晶体管集电极电流 I_C（或 U_{CE}）的调整与测试。

静态工作点是否合适，对放大器的性能和输出波形都有很大影响。如工作点偏高，放大器在加入交流信号以后易产生饱和失真，此时 u_o 的负半周将被削底，如图 5.1.2(a) 所示；如工作点偏低则易产生截止失真，即 u_o 的正半周缩顶（一般截止失真不如饱和失真明显），如图 5.1.2(b) 所示。这些情况都不符合不失真放大的要求。所以在选定工作点以后还必须进行动态调试，即在放大器的输入端加入一定的输入电压 u_i，检查输出电压 u_o 的大小和波形是否满足要求。如不满足，则应调节静态工作点的位置。

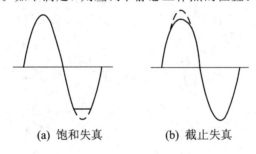

(a) 饱和失真   (b) 截止失真

图 5.1.2 静态工作点对 u_o 波形失真的影响

改变电路参数 U_{CC}、R_C、R_B（R_{B1}、R_{B2}）都会引起静态工作点的变化，如图 5.1.3 所示。通常多采用调节偏置电阻 R_{B2} 的方法来改变静态工作点，如减小 R_{B2}，则可使静态工作点提高等。

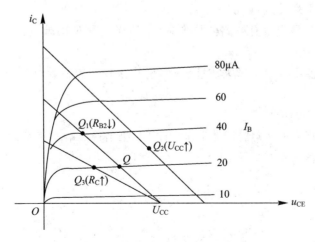

图 5.1.3 电路参数对静态工作点的影响

最后还要说明的是，上面所说的工作点"偏高"或"偏低"不是绝对的，应该是相对信号的幅度而言,如输入信号幅度很小,即使工作点较高或较低也不一定会出现失真。所以确切地说,产生波形失真是信号幅度与静态工作点设置配合不当所致。如需满足较大信号幅度的要求,静态工作点最好尽量靠近交流负载线的中点,如图 5.1.3 中的 Q 点。

2. 放大器动态指标测试

放大器动态指标包括电压放大倍数、输入电阻、输出电阻、最大不失真输出电压(动态范围)和通频带等。

1) 电压放大倍数 A_u 的测量

调整放大器到合适的静态工作点,然后加入输入电压 u_i,在输出电压 u_o 不失真的情况下,用交流毫伏表测出 u_i 和 u_o 的有效值 U_i 和 U_o,则

$$A_u = \frac{U_o}{U_i}$$

2) 输入电阻 r_i 的测量

为了测量放大器的输入电阻,按图 5.1.4 电路在被测放大器的输入端与信号源之间串入一已知电阻 R,在放大器正常工作的情况下,用交流毫伏表测出 U_s 和 U_i,则根据输入电阻的定义可得

$$r_i = \frac{U_i}{I_i} = \frac{U_i}{U_R/R} = \frac{U_i}{U_s - U_i} R$$

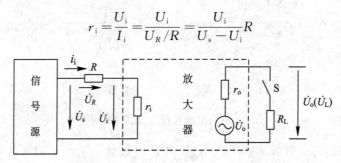

图 5.1.4 输入、输出电阻测量电路

测量时应注意下列几点:

(1) 由于电阻 R 两端没有电路公共接地点,所以测量 R 两端电压 U_R 时必须分别测出 U_s 和 U_i,然后按 $U_R = U_s - U_i$ 求出 U_R 值。

(2) 电阻 R 的值不宜取得过大或过小,以免产生较大的测量误差,通常取 R 与 r_i 为同一数量级为好。

3) 输出电阻 r_o 的测量

按图 5.1.4 电路,在放大器正常工作条件下,测出输出端不接负载 R_L 的输出电压 U_o 和接入负载后的输出电压 U_L,根据

$$U_L = \frac{R_L}{r_o + R_L} U_o$$

即可求出

$$r_o = \left(\frac{U_o}{U_L} - 1\right) R_L$$

在测试中应注意,必须保持 R_L 接入前后输入信号的大小不变。

4）最大不失真输出电压 U_{opp} 的测量（最大动态范围）

为了得到最大动态范围，应将静态工作点调在交流负载线的中点。为此在放大器正常工作情况下，逐步增大输入信号的幅度，并同时调节 R_p（改变静态工作点），用示波器观察 u_o，当输出波形同时出现削底和缩顶现象（如图 5.1.5 所示）时，说明静态工作点已调在交流负载线的中点。然后反复调整输入信号，使波形输出幅度最大，且无明显失真时，用交流毫伏表测出 U_o（有效值），则动态范围等于 $2\sqrt{2}U_o$，或用示波器直接读出 U_{opp}。

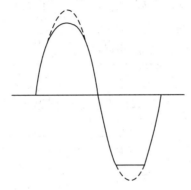

图 5.1.5　静态工作点正常，输入信号太大引起的失真

5）放大器幅频特性的测量

放大器的幅频特性是指放大器的电压放大倍数 A_u 与输入信号频率 f 之间的关系曲线。单管阻容耦合放大电路的幅频特性曲线如图 5.1.6 所示，A_{um} 为中频电压放大倍数，通常规定电压放大倍数随频率变化下降到中频放大倍数的 $1/\sqrt{2}$ 倍，即 $0.707A_{um}$ 时所对应的频率分别为下限频率 f_L 和上限频率 f_H，则通频带 $f_{BW}=f_H-f_L$。

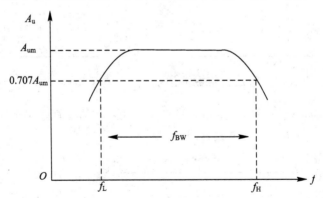

图 5.1.6　幅频特性曲线

放大器的幅率特性就是测量不同频率信号时的电压放大倍数 A_u。为此，可采用前述测 A_u 的方法，每改变一个信号频率，测量其相应的电压放大倍数，测量时应注意取点要恰当，在低频段与高频段应多测几点，在中频段可以少测几点。此外，在改变频率时，要保持输入信号的幅度不变，且输出波形不得失真。

五、实验内容与步骤

1. 调试静态工作点

接通直流电源前，先将 R_p 调至最大，函数信号发生器输出旋钮旋至零。接通 $+12$ V 电源、调节 R_p，使 $I_C = 2.0$ mA(即 $U_E = 2.2$ V)，用直流电压表测量 V_B、V_E、V_C，用万用表测量 R_{B2} 值，记入表 5.1.2，并计算 U_{BE}、U_{CE} 和 I_C。

表 5.1.2　静态测量数据($I_C = 2.0$ mA)

测　量　值				计　算　值		
V_B/V	V_E/V	V_C/V	$R_{B2}/k\Omega$	U_{BE}/V	U_{CE}/V	I_C/mA

2. 测量电压放大倍数

在放大器输入端加入 $f = 1$ kHz，$U_{P-P} = 1$ mV 的正弦信号 u_i，同时用示波器观察放大器输出电压 u_o 波形，在波形不失真的条件下用交流毫伏表测量表 5.1.3 所示三种情况下的 u_o 值，并用双踪示波器观察 u_o 和 u_i 的相位关系，记入表 5.1.3。

表 5.1.3　电压放大倍数测量数据($I_C = 2.0$ mA，$u_i = $　　mV)

$R_C/k\Omega$	$R_L/k\Omega$	U_o/V	A_u	观察记录一组 u_o 和 u_i 波形
2.4	∞			
1.2	∞			
2.4	2.4			

3. 观察静态工作点对电压放大倍数的影响

置 $R_C = 2.4$ kΩ，$R_L = \infty$，u_i 适量，调节 R_p，用示波器监视输出电压波形，在 u_o 不失真的条件下，测量五组 I_C 和 u_o 值，记入表 5.1.4。

表 5.1.4　静态工作点对电压增益的影响($R_C = 2.4$ kΩ，$R_L = \infty$，$u_i = $　　mV)

I_C/mA			2.0		
U_o/V					
A_u					

测量 I_C 时，要先将信号源输出旋钮旋至零(即使 $u_i = 0$)。

4. 观察静态工作点对输出波形的影响

置 $R_C = 2.4$ kΩ，$R_L = 2.4$ kΩ，$u_i = 0$，调节 R_p 使 $I_C = 2.0$ mA，测出 U_{CE} 值，再逐步

加大输入信号，使输出电压 u_o 足够大但不失真。 然后保持输入信号不变，分别增大和减小 R_p，使波形出现失真，绘出 u_o 的波形，并测出失真情况下的 I_C 和 U_{CE} 值，记入表 5.1.5 中。 每次测 I_C 和 U_{CE} 值时都要将信号源的输出旋钮旋至零。

表 5.1.5　静态工作点对输出波形的影响（$R_C = 2.4 \text{ k}\Omega$，$R_L = \infty$，$u_i = \quad$ mV）

I_C/mA	U_{CE}/V	u_o 波形	失真情况	晶体管工作状态
2.0				

5. 测量最大不失真输出电压

置 $R_C = 2.4 \text{ k}\Omega$，$R_L = 2.4 \text{ k}\Omega$，同时调节输入信号的幅度和电位器 R_p，用示波器和交流毫伏表测量 U_{opp} 及 u_o 值，记入表 5.1.6。

表 5.1.6　动态范围测试（$R_C = 2.4 \text{ k}\Omega$，$R_L = 2.4 \text{ k}\Omega$）

I_C/mA	U_{im}/mV	U_{om}/V	U_{opp}/V

6. 测量输入电阻和输出电阻

置 $R_C = 2.4 \text{ k}\Omega$，$R_L = 2.4 \text{ k}\Omega$，$I_C = 2.0 \text{ mA}$。输入 $f = 1 \text{ kHz}$ 的正弦信号，在输出电压 u_o 不失真的情况下，用交流毫伏表测出 u_s、u_i 和 u_L，记入表 5.1.7，并计算输入电阻 r_i。 保持 u_s 不变，断开 R_L，测量输出电压 u_o，记入表 5.1.7，并计算输出电阻 r_o。

表 5.1.7　输入、输出电阻测量（$I_c = 2 \text{ mA}$，$R_c = 2.4 \text{ k}\Omega$，$R_L = 2.4 \text{ k}\Omega$）

U_s/mV	U_i/mV	r_i/kΩ $r_i = \dfrac{U_i}{U_s - U_i} \times R_s$	U_L/V	U_o/V	r_o/kΩ $r_o = \left(\dfrac{U_o}{U_L} - 1\right) \times R_L$

7. 测量幅频特性曲线

取 $R_C = 2.4 \text{ k}\Omega$，$R_L = 2.4 \text{ k}\Omega$，$I_C = 2.0 \text{ mA}$。保持输入信号 u_i 的幅度不变，改变信

号源频率 f，逐点测出相应的输出电压 u_o，计入表 5.1.8。

表 5.1.8　幅频特性测试($u_i =$ 　　mV)

	f_L	f_0	f_H
f/kHz			
U_o/V			
$A_u = U_o/U_i$			

六、实验数据处理

（1）根据测量结果，计算不同情况下的电压放大倍数。

（2）将实测值和理论值进行比较，分析产生误差的原因。

（3）观察波形的失真情况。

七、思考题

（1）能否用直流电压表直接测量晶体管的 U_{BE}？为什么实验中要采用测 V_B、V_E，再间接算出 U_{BE} 的方法？

（2）改变静态工作点对放大电路的输入电阻 r_i 有否影响？改变外接电阻 R_L 对输出电阻 r_o 有否影响？

（3）在测试 A_u、r_i 和 r_o 时怎样选择输入信号的大小和频率？为什么信号频率一般选 1 kHz，而不选 100 kHz 或更高？

5.2 共集电极放大电路

一、实验应具备的基础知识

掌握共集电极电压放大电路的静态工作点参数计算方法，掌握电压放大倍数、输入电阻、输出电阻的计算方法，了解共集电极放大电路的特点。

二、实验目的

(1) 掌握射极跟随器的特性及测试方法。
(2) 进一步学习放大器各项参数的测试方法。

三、实验仪器与设备

实验仪器与设备见表5.2.1。

表5.2.1 实验仪器与设备

序 号	名 称	数 量	型 号
1	模拟电子技术实验箱	1	
2	数字万用表	1	VC8045
3	数字示波器	1	TDS1000C - EDU
4	晶体管毫伏表	1	LM2191
5	函数信号发生器	1	EE1410

四、实验原理

射极跟随器的原理图如图5.2.1所示。它是一个电压串联负反馈放大电路，具有输入电阻高，输出电阻低，电压放大倍数接近于1，输出电压能够在较大范围内跟随输入电压作线性变化以及输入、输出信号同相等特点。

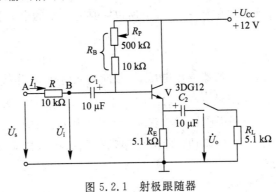

图 5.2.1 射极跟随器

射极跟随器的输出取自发射极，故称其为射极输出器。

1. 输入电阻 r_i

考虑偏置电阻 R_B 和负载 R_L 的影响，则

$$r_i = R_B [r_{be} + (1+\beta)(R_E /\!/ R_L)]$$

由上式可知射极跟随器的输入电阻 r_i 比共射极单管放大器的输入电阻 $r_i = R_B /\!/ r_{be}$ 要高得多，但由于偏置电阻 R_B 的分流作用，输入电阻难以进一步提高。

输入电阻的测试方法同单管电压放大器，只要测得 A、B 两点的对地电位即可计算出 r_i。

$$r_i = \frac{U_i}{I_i} = \frac{U_i}{U_s - U_i} R$$

2. 输出电阻 r_o

考虑信号源内阻 R_s，则

$$r_o = R_E /\!/ \frac{(R_s /\!/ R_B) + r_{be}}{1+\beta} \approx \frac{(R_s /\!/ R_B) + r_{be}}{\beta}$$

由上式可知射极跟随器的输出电阻 r_o 比共射极单管放大器的输出电阻 $r_o \approx R_C$ 低得多。三极管的 β 愈高，输出电阻愈小。

输出电阻 r_o 的测试方法亦同单管放大器，即先测出空载输出电压 u_o，再测接入负载 R_L 后的输出电压 u_L，根据

$$r_o = \left(\frac{U_o}{U_L} - 1 \right) R_L$$

即可求出 r_o。

3. 电压放大倍数

由图 5.2.1 电路可知电压放大倍数为

$$A_u = \frac{(1+\beta)(R_E /\!/ R_L)}{r_{be} + (1+\beta)(R_E /\!/ R_L)} \leqslant 1$$

上式说明射极跟随器的电压放大倍数小于近于 1，且为正值。这是深度电压负反馈的结果，但它的射极电流仍比基流大 $1+\beta$ 倍，所以它具有一定的电流和功率放大作用。

4. 电压跟随范围

电压跟随范围是指射极跟随器输出电压 u_o 跟随输入电压 u_i 作线性变化的区域。当 u_i 超过一定范围时，u_o 便不能跟随 u_i 作线性变化，即 u_o 波形产生了失真。为了使输出电压 u_o 正、负半周对称，并充分利用电压跟随范围，静态工作点应选在交流负载线中点，测量时可直接用示波器读取 u_o 的峰-峰值，即电压跟随范围；或用交流毫伏表读取 u_o 的有效值，则电压跟随范围为

$$U_{opp} = 2\sqrt{2} U_o$$

五、实验内容

1. 静态工作点的调整

接通 +12 V 直流电源，在 B 点加入 $f = 1$ kHz 正弦信号 u_i，用示波器观察输出端波形，反复调整 R_p 及信号源的输出幅度，使示波器的屏幕上得到一个最大不失真输出波形，然后置 $u_i = 0$，用直流电压表测量晶体管各电极对地电位，将测量结果填入表 5.2.2。

表 5.2.2　静态工作点参数

V_B/V	V_E/V	V_C/V	I_{EQ}/mA	U_{BEQ}/V	U_{CEQ}/V

2. 测量电压放大倍数 A_u

接入负载 $R_L = 5.1$ kΩ，输入正弦波频率 $f = 1$ kHz，幅度为 100 mV。用示波器监视输出波形，用交流毫伏表分别测出电压 u_i、u_L，计入表 5.2.3。

表 5.2.3　电压增益测量

U_i/V	U_L/V	A_u

3. 测量输入电阻 r_i

输入正弦波频率 $f = 1$ kHz，幅度为 100 mV。用示波器监视输出波形，用交流毫伏表分别测出电压 u_s、u_i，记入表 5.2.4。

表 5.2.4　输入电阻测量

U_s/V	U_i/V	$r_i/kΩ$

4. 测量输出电阻 r_o

接入负载 $R_L = 5.1$ kΩ，输入正弦波频率 $f = 1$ kHz，幅度为 100 mV。用示波器监视输出波形，测空载输出电压 u_o，以及有负载时输出电压 u_L，记入表 5.2.5。

表 5.2.5　输出电阻测量

U_o/V	U_L/V	$r_o/kΩ$

5. 测试电压跟随特性

接入负载 $R_L = 5.1$ kΩ，在输入端加入 $f = 1$ kHz 正弦信号，逐渐增大信号幅度，用示波器监视输出波形直至输出波形达最大不失真，测量对应的 u_L 值，记入表 5.2.6。

表 5.2.6　电压跟随特性记录表

U_i/V	
U_L/V	

6. 测试频率响应特性

保持输入信号 u_i 幅度不变，改变信号源频率，用示波器观察输出波形，在不失真情况下，用交流毫伏表测量不同频率下的输出电压 u_L 值，计入表 5.2.7。

表 5.2.7　频率响应特性测量

f/kHz	
U_L/V	

六、实验数据处理

（1）根据图 5.2.1 的元件参数值估算静态工作点，并画出交、直流负载线。

（2）根据测量结果计算电压放大倍数。

七、思考题

（1）测量放大器的输入电阻时，如果改变基极偏置电阻 R_B 的值，使放大器的工作状态改变，对所测量的输入电阻值有何影响？

（2）如果改变外接负载 R_L，对所测量的放大器的输出电阻有无影响？

5.3 两级晶体管共发射极放大电路

一、实验应具备的基础知识

掌握放大电路中负反馈组态的判别方法及引入负反馈对放大电路的影响,掌握多级放大电路的电压放大倍数、输入电阻、输出电阻的计算方法,了解多级放大电路的频率响应特点。

二、实验目的

(1) 加深理解负反馈对放大器各项性能指标的影响。

(2) 进一步掌握放大器的放大倍数、输入电阻、输出电阻和频响的测量方法。

三、实验仪器与设备

实验仪器与设备见表 5.3.1。

表 5.3.1 实验仪器与设备

序 号	名 称	数 量	型 号
1	模拟电子技术实验箱	1	
2	数字万用表	1	VC8045
3	数字示波器	1	TDS1000C - EDU
4	晶体管毫伏表	1	LM2191
5	函数信号发生器	1	EE1410

四、实验原理

负反馈在电子电路中有着非常广泛的应用,虽然它使放大器的放大倍数降低,但能在多方面改善放大器的动态指标,如稳定放大倍数,改变输入、输出电阻,减小非线性失真和展宽频带等。因此,几乎所有的实用放大器都带有负反馈电路。

负反馈有四种组态,即电压串联、电压并联、电流串联、电流并联。本实验以电压串联负反馈为例,分析负反馈对放大器各项性能指标的影响。图 5.3.1 为带有负反馈的两级阻容耦合放大电路,在电路中通过 R_f 把输出电压 u_o 引回到输入端,加在晶体管 V_1 的发射极,在电阻 R_{F1} 上形成反馈电压 u_f。根据反馈的判断法可知,它属于电压串联负反馈。

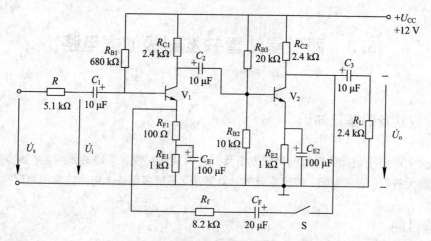

图 5.3.1 两级晶体管共射极放大电路

电压串联负反馈电路主要性能指标如下：

(1) 负反馈(闭环)电压放大倍数：

$$A_{uf} = \frac{A_u}{1 + A_u F_u}$$

式中 $A_u = U_o/U_i$，是基本放大器(无反馈)的电压放大倍数，即开环电压放大倍数；$1 + A_u F_u$ 称为反馈深度，其大小决定了负反馈对放大器性能改善的程度。

(2) 反馈系数：

$$F_u = \frac{R_{F1}}{R_f + R_{F1}}$$

(3) 输入电阻：

$$r_{if} = (1 + A_u F_u) r_i$$

式中 r_i 为基本放大器的输入电阻。

(4) 输出电阻：

$$r_{of} = \frac{r_o}{1 + A_u F_u}$$

式中 r_o 为基本放大器的输出电阻；A_u 为基本放大器的电压放大倍数。

五、实验内容与步骤

1. 测量静态工作点

按图 5.3.1 连接实验电路，取 $U_{CC} = +12\ V$，$u_i = 0$，使 $I_{C1} = I_{C2} = 2\ mA$，用直流电压表分别测量第一级、第二级的静态工作点，记入表 5.3.2 中。

表 5.3.2 静态工作点测量

	V_B /V	V_E /V	V_C /V	I_C /mA
第一级				
第二级				

2．测试基本放大器和负反馈放大器的各项性能指标

（1）测量开环（基本）放大器的各项性能指标，记入表 5.3.3 中。（输入信号：$f = 1$ kHz，$U_{P-P} = 0.5$ V，衰减 20 dB）

（2）测量闭环（电压串联负反馈）放大器的各项性能指标，记入表 5.3.3 中。（输入信号：$f = 1$ kHz，$U_{P-P} = 1$ V，衰减 20 dB）

$$A_u = \frac{U_o}{U_i}; \quad r_i = \frac{U_i}{U_s - U_i} R (R = 10 \text{ k}\Omega); \quad r_o = \left(\frac{U_o}{U_L} - 1 \right) R_L (R_L = 2.4 \text{ k}\Omega)$$

表 5.3.3　放大器的动态指标

基本放大器	U_s /mV	U_i /mV	U_L /V	U_o /V	A_u	r_i /kΩ	r_o /kΩ
负反馈放大器	U_s /mV	U_i /mV	U_L /V	U_o /V	A_{uf}	r_{if} /kΩ	r_{of} /kΩ

3．放大器通频带测量

在图 5.3.1 负反馈放大电路中，$R_L = 2.4$ kΩ。适当加大 u_s（约 1 V/20 dB），在输出波形不失真的条件下，测量负反馈放大器的 A_{uf}、r_{if} 和 r_{of}，计入表 5.3.4 中。

表 5.3.4　放大器通频带测量

基本放大器	f_L /kHz	f_H /kHz	$\triangle f$ /kHz
负反馈放大器	f_{Lf} /kHz	f_{Hf} /kHz	$\triangle f_f$ /kHz

六、实验数据处理

（1）整理实验数据，分别求有、无反馈时的电压放大倍数，输入、输出电阻及上、下限频率。

（2）计算带负反馈的两级放大电路的电压放大倍数。

七、思考题

（1）负反馈对放大电路性能有何影响？

（2）观察负反馈对非线性失真的改善。

（3）如果输入信号存在失真，能否用负反馈来改善？

5.4 场效应管放大电路

一、实验应具备的基础知识

了解场效应管放大电路的特点，掌握场效应晶体管放大电路的基本结构和工作原理，掌握场效应管放大电路的电压放大倍数、输入电阻、输出电阻的计算方法，了解场效应管放大电路与晶体管放大电路的区别，了解场效应管放大电路频率响应的特点。

二、实验目的

（1）研究场效应晶体管放大电路的特点。
（2）比较场效应管放大电路与双极型晶体管放大电路的不同。
（3）掌握场效应管放大电路性能指标的测试方法。

三、实验仪器与设备

实验仪器与设备见表 5.4.1。

表 5.4.1 实验仪器与设备

序 号	名 称	数 量	型 号
1	模拟电子技术实验箱	1	
2	数字万用表	1	VC8045
3	数字示波器	1	TDS1000C - EDU
4	晶体管毫伏表	1	LM2191
5	函数信号发生器	1	EE1410

四、实验原理

场效应管是一种电压控制型器件，按结构可分为结型和绝缘栅型两种类型。场效应管栅、源极之间处于绝缘或反向偏置，所以输入电阻很高（一般可达上百兆欧）；场效应管是一种多数载流子控制器件，因此热稳定性好，抗辐射能力强，噪声系数小；场效应管制造工艺较简单，便于大规模集成，因此得到越来越广泛的应用。

1. 结型场效应管的特性和参数

场效应管的特性主要有输出特性和转移特性。图 5.4.1 所示为 N 沟道结型场效应管 3DJ6F 的输出特性和转移特性曲线。其直流参数主要有饱和漏极电流 I_{DSS}、夹断电压 U_P 等；交流参数主要有低频跨导：

$$g_m = \frac{\Delta I_D}{\Delta U_{GS}}\Big|_{U_{DS}=常数}$$

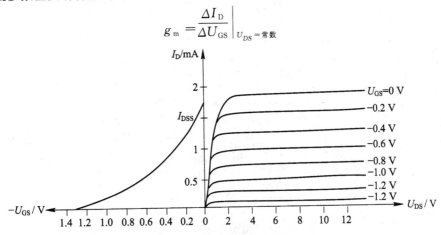

图 5.4.1　3DJ6F 的输出特性和转移特性曲线

表 5.4.2 列出了 3DJ6F 的典型参数值及测试条件。

表 5.4.2　3DJ6F 的典型参数值

参数名称	饱和漏极电流 I_{DSS} /mA	夹断电压 U_P /V	跨导 g_m /μA/V
测试条件	$U_{DS} = 10 \text{ V}$ $U_{GS} = 0 \text{ V}$	$U_{DS} = 10 \text{ V}$ $I_{DS} = 50 \ \mu\text{A}$	$U_{DS} = 10 \text{ V}$ $I_{DS} = 3 \text{ mA}$ $f = 1 \text{ kHz}$
参数值	$1 \sim 3.5$	$< |-9|$	> 100

2. 场效应管放大器性能分析

图 5.4.2 为结型场效应管组成的共源极放大电路。其静态工作点为

$$U_{GS} = U_G - U_s = \frac{R_{g1}}{R_{g1} + R_{g2}} U_{DD} - I_D R_s$$

$$I_D = I_{DSS} (1 - \frac{U_{GS}}{U_P})^2$$

中频电压放大倍数

$$A_u = -g_m R_L' = -g_m R_D \mathbin{/\mkern-5mu/} R_L$$

输入电阻

$$r_i = R_G + R_{g1} \mathbin{/\mkern-5mu/} R_{g2}$$

输出电阻

$$r_o \approx R_D$$

式中跨导 g_m 可由特性曲线用作图法求得，或用公式

$$g_m = -\frac{2I_{DSS}}{U_P}(1 - \frac{U_{GS}}{U_P})$$

计算。但要注意，计算时 U_{GS} 要用静态工作点处之数值。

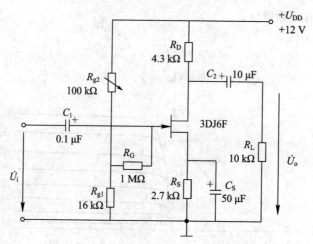

图 5.4.2　结型场效应管共源极放大器

3. 输入电阻的测量方法

场效应管放大器的静态工作点、电压放大倍数和输出电阻的测量方法，与 5.1 节实验二中晶体管放大器的测量方法相同。其输入电阻的测量，从原理上讲，也可采用 5.1 节实验二中所述方法，但由于场效应管的 r_i 比较大，如直接测输入电压 u_s 和 u_i，则限于测量仪器的输入电阻有限，必然会带来较大的误差。因此为了减小误差，常利用被测放大器的隔离作用，通过测量输出电压 u_o 来计算输入电阻。测量电路如图 5.4.3 所示。

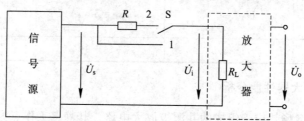

图 5.4.3　输入电阻测量电路

在放大器的输入端串入电阻 R，把开关 S 掷向位置"1"（即使 $R=0$），测量放大器的输出电压 $U_{o1} = A_u U_s$；保持 U_s 不变，再把 S 掷向位置"2"（即接入 R），测量放大器的输出电压 U_{o2}。由于两次测量中 A_u 和 U_s 保持不变，故

$$U_{o2} = A_u U_i = \frac{r_i}{R + r_i} U_s A_u$$

由此可以求出

$$r_i = \frac{U_{o2}}{U_{o1} - U_{o2}} R$$

式中 R 和 r_i 不要相差太大，本实验可取 $R = 100 \sim 200$ kΩ。

五、实验内容与步骤

1. 静态工作点的测量和调整

按图 5.4.2 连接电路，调节信号源使其输出频率为 1 kHz、峰-峰值为 200 mV 的正弦信号 u_i，并用示波器同时检测 u_o 和 u_i 的波形，如波形正常放大未失真，则断开信号源，测量 V_G、V_S 和 V_D，把结果记入表 5.4.3。

若不合适，则适当调整 R_{g2} 和 R_S，调好后，再测量 U_G、U_S 和 U_D，把结果记入表 5.4.3。

表 5.4.3　静态工作点测量

测量值			计算值		
V_G /V	V_S /V	V_D /V	U_{DS} /V	U_{GS} /V	I_D /mA

2. 电压放大倍数 A_u、输入电阻 r_i 和输出电阻 r_o 的测量

1）A_u 和 r_o 的测量

在放大器的输入端加入频率为 1 kHz、峰-峰值为 100 mV 的正弦信号 u_i，并用示波器同时观察输出电压 u_o 的波形。在输出电压 u_o 没有失真的条件下，用交流毫伏表分别测量 $R_L = \infty$ 和 $R_L = 10$ kΩ 时的输出电压 u_o（注意：保持 u_i 幅值不变），记入表 5.4.4。

用示波器同时观察 u_i 和 u_o 的波形，描绘出来并分析它们的相位关系。

表 5.4.4　动态参数测试

测　量　值				计　算　值		u_i 和 u_o 的波形
	U_i /V	U_o /V	A_u	r_o /kΩ	A_u	r_o /kΩ	
$R_L = \infty$							
$R_L = 10$ kΩ							

2）r_i 的测量

按图 5.4.3 连接实验电路，选择合适大小的输入电压 u_s（幅值约 50～100 mV），将开关 S 掷向位置"1"，测出 $R = 0$ 时的输出电压 u_{o1}，然后将开关 S 掷向位置"2"（即接入 R），保持 u_s 不变，测出输出电压 u_{o2}，根据公式 $r_i = \dfrac{U_{o2}}{U_{o1} - U_{o2}} R$ 求出 r_i，记入表 5.4.5 中。

表 5.4.5　输入电阻的测量

测　量　值		计　算　值
U_{o1} /V	U_{o2} /V	r_i /kΩ

六、实验数据处理

（1）根据测量结果，计算场效应管放大电路的电压放大倍数，绘制输入和输出电压波形，分析场效应管电压放大电路的电压放大特点。

（2）将测得的实验值和理论值进行比较。

七、思考题

（1）场效应管放大器输入回路的电容 C_1 为什么可以取得小一些（可以取 $C_1 = 0.1\ \mu\text{F}$）？

（2）在测量场效应管静态工作电压 U_{GS} 时，能否用直流电压表直接并在 G、S 两端测量？为什么？

（3）为什么测量场效应管输入电阻时要用测量输出电压的方法？

5.5 差动放大电路

一、实验应具备的基础知识

了解差动放大电路的结构和特点,掌握差动放大电路不同输入情况下的电压放大倍数、输入电阻、输出电阻的计算方法,了解共模信号、差模信号及共模抑制比的概念,了解恒流源在差动放大电路中的作用。

二、实验目的

(1) 加深对差动放大器性能及特点的理解。
(2) 学习差动放大器共模抑制比等主要性能指标的测试方法。

三、实验仪器与设备

实验仪器与设备见表 5.5.1。

表 5.5.1　实验仪器与设备

序　号	名　　称	数　量	型　　号
1	模拟电子技术实验箱	1	
2	数字万用表	1	VC8045
3	数字示波器	1	TDS1000C - EDU
4	晶体管毫伏表	1	LM2191
5	函数信号发生器	1	EE1410

四、实验原理

图 5.5.1 是差动放大器的基本结构。它由两级元件参数相同的共射放大电路组成。当开关 S 拨向位置"1"时,构成典型的差动放大器。调零电位器 R_p 用来调节 V_1、V_2 管的静态工作点,使得输入信号 $u_i = 0$ 时,双端输出电压 $u_o = 0$。R_E 为两管共用的发射极电阻,它对差模信号无负反馈作用,因而不影响差模电压放大倍数,但对共模信号有较强的负反馈作用,故可以有效地抑制零漂,稳定静态工作点。

当开关 S 拨向位置"2"时,构成具有恒流源的差动放大器。它用晶体管恒流源代替发射极电阻 R_E,进一步提高差动放大器抑制共模信号的能力。

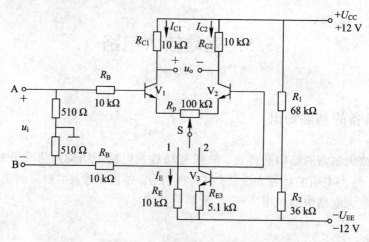

图 5.5.1　差动放大器实验电路

1. 静态工作点的估算

对于典型差动放大器电路：

$$I_E \approx \frac{|U_{EE}| - U_{BE}}{R_E} \text{（认为 } U_{B1} = U_{B2} \approx 0 \text{）}$$

$$I_{C1} = I_{C2} = \frac{1}{2}I_E$$

对于具有恒流源的差动放大器电路：

$$I_{C3} \approx I_{E3} \approx \frac{\dfrac{R_2}{R_1 + R_2}(U_{CC} + |U_{EE}|) - U_{BE}}{R_{E3}}$$

$$I_{C1} = I_{E1} = \frac{1}{2}I_{C3}$$

2. 差模电压放大倍数和共模电压放大倍数

当差动放大器的射极电阻 R_E 足够大，或采用恒流源电路时，差模电压放大倍数 A_d 由输出端方式决定，而与输入方式无关。

双端输出：　$R_E = \infty$，R_p 在中心位置时，有

$$A_d = \frac{\Delta U_o}{\Delta U_i} = -\frac{\beta R_C}{R_B + r_{be} + \dfrac{1}{2}(1+\beta)R_p}$$

单端输出：

$$A_{d1} = \frac{\Delta U_{C1}}{\Delta U_i} = \frac{1}{2}A_d$$

$$A_{d2} = \frac{\Delta U_{C2}}{\Delta U_i} = -\frac{1}{2}A_d$$

当输入共模信号时，若为单端输出，则共模电压放大倍数为

$$A_{c1} = A_{c2} = \frac{\Delta U_{C1}}{\Delta U_i} = \frac{-\beta R_C}{R_B + r_{be} + (1+\beta)(\frac{1}{2}R_p + 2R_E)} \approx -\frac{R_C}{2R_E}$$

若为双端输出,在理想情况下

$$A_c = \frac{\Delta U_o}{\Delta U_i} = 0$$

实际上由于元件不可能完全对称,因此 A_c 也不会绝对等于零。

3. 共模抑制比 CMRR

为了表征差动放大器对有用信号(差模信号)的放大作用和对共模信号的抑制能力,通常用一个综合指标来衡量,即共模抑制比 CMRR,其计算公式为

$$CMRR = \left| \frac{A_d}{A_c} \right| \qquad \text{或} \qquad CMRR = 20\log \left| \frac{A_d}{A_c} \right| (dB)$$

差动放大器的输入信号可采用直流信号也可采用交流信号。本实验由函数信号发生器提供频率 $f = 1 \text{ kHz}$ 的正弦信号作为输入信号。

五、实验内容与步骤

1. 典型差动放大器性能测试

按图 5.5.1 连接实验电路,开关 S 拨向位置"1"构成典型差动放大器。

1) 测量静态工作点

(1) 调节放大器零点。

不接信号源,将放大器输入端 A、B 与地短接,接通 $\pm 12 \text{ V}$ 直流电源,用直流电压表测量输出电压 u_o,若不为零,调节调零电位器 R_p,使 $u_o = 0$。调节要仔细,力求准确。

(2) 测量静态工作点。

零点调好以后,用直流电压表测量 V_1、V_2 管各极电位及射极电阻 R_E 两端电压 U_{R_E},记入表 5.5.2 中。

表 5.5.2　静态参数

	V_{C1} /V	V_{B1} /V	V_{E1} /V	V_{C2} /V	V_{B2} /V	V_{E2} /V	U_{R_E} /V
测量值							
计算值	I_C /mA			I_B /mA			U_{CE} /V

2) 测量差模电压放大倍数

断开直流电源,将函数信号发生器的输出端接放大器 A 输入端,地端接放大器 B 输入端,构成单端输入方式。调节输入信号为频率 $f = 1 \text{ kHz}$ 的正弦波,使其输出电压为零,用示波器监视输出端(V_1 集电极 C1 或 V_2 的集电极 C2)与地之间的电压波形。

接通±12 V 直流电源，逐渐增大输入电压 u_i 的幅度（约 100 mV），在输出波形无失真的情况下，用交流毫伏表测出 u_i、u_{C1}、u_{C2}，记入表 5.5.3 中，并观察 u_i、u_{C1}、u_{C2} 之间的相位关系及 u_{R_E} 随 u_i 改变而变化的情况。

3）测量共模电压放大倍数

将放大器 A、B 短接，信号源接在 A 端与地之间，构成共模输入方式。调节输入信号 $f = 1\,kHz$，$U_i = 1\,V$，在输出电压无失真的情况下，测量 u_{C1}、u_{C2} 记入表 5.5.3 中，并观察 u_i、u_{C1}、u_{C2} 之间的相位关系及 u_{R_E} 随 u_i 改变而变化的情况。

表 5.5.3 动态参数

	典型差动放大电路		具有恒流源的差动放大电路	
	单端输入	共模输入	单端输入	共模输入
U_i	100 mV	1 V	100 mV	1 V
U_{C1} /V				
U_{C2} /V				
$A_{d1} = U_{C1} / U_i$		/		/
$A_d = U_o / U_i$		/		/
$A_{c1} = U_{C1} / U_i$	/		/	
$A_c = U_o / U_i$	/		/	
$CMRR = \mid A_{d1}/A_{c1} \mid$				

2. 具有恒流源的差动放大电路性能测试

将图 5.5.1 电路中开关 S 拨向位置"2"，构成具有恒流源的差动放大电路。重复测量差模电压放大倍数和共模电压放大倍数，结果记入表 5.5.3 中。

六、实验数据处理

（1）整理实验数据，列表比较实验结果和理论估算值，分析误差原因。

① 计算静态工作点和差模电压放大倍数。

② 将典型差动放大电路单端输出时的 CMRR 实测值与理论值进行比较。

③ 将典型差动放大电路单端输出时 CMRR 的实测值与具有恒流源的差动放大器 CMRR 实测值进行比较。

（2）比较 u_i、u_{C1} 和 u_{C2} 之间的相位关系。

（3）根据实验中观察到的现象，分析差动放大器对零点漂移的抑制能力。

七、思考题

(1) 测量静态工作点时，放大器输入端 A、B 与地应如何连接？

(2) 实验中怎样获得双端和单端输入差模信号？怎样获得共模信号？

(3) 怎样用交流毫伏表测双端输出电压 u_o？

(4) 根据实验结果，总结电阻 R_E 和恒流源的作用。

5.6 集成运算放大器的基本应用

一、实验应具备的基础知识

了解中小规模集成芯片的引脚结构、功能表及使用方法，了解集成运算放大器的特点，掌握集成运算放大器电路中的比例运算、加法运算、减法运算以及微分和积分运算电路的分析方法，理解虚短和虚断的概念。

二、实验目的

（1）研究由集成运算放大器组成的比例、加法、减法和积分等基本运算电路的功能。
（2）了解运算放大器在实际应用时应考虑的一些问题。

三、实验仪器与设备

实验仪器与设备见表 5.6.1。

表 5.6.1 实验仪器与设备

序 号	名 称	数 量	型 号
1	模拟电子技术实验箱	1	
2	数字万用表	1	VC8045
3	数字示波器	1	TDS1000C - EDU
4	晶体管毫伏表	1	LM2191
5	函数信号发生器	1	EE1410
6	集成运算放大器	1	μA741

四、实验原理

集成运算放大器是一种具有高电压放大倍数的直接耦合多级放大电路。当外部接入不同的线性或非线性元器件组成输入和负反馈电路时，可以灵活地实现各种特定的函数关系。在线性应用方面，可组成比例、加法、减法、积分、微分、对数等模拟运算电路。

在大多数情况下，将运放视为理想运放，就是将运放的各项技术指标理想化，满足下列条件的运算放大器称为理想运放。

（1）开环电压增益 $A_{ud} = \infty$

（2）输入阻抗 $r_i = \infty$

（3）输出阻抗　　　$r_o = 0$

（4）带宽　　　　　$f_{BW} = \infty$

（5）失调与漂移均为零。

理想运放在线性应用时的两个重要特性如下：

（1）输出电压 u_o 与输入电压之间满足关系式

$$u_o = A_{ud}(u_+ - u_-)$$

由于 $A_{ud} = \infty$，而 u_o 为有限值，因此，$u_+ - u_- \approx 0$，即 $u_+ \approx u_-$，称为"虚短"。

（2）由于 $r_i = \infty$，故流进运放两个输入端的电流可视为零，即 $i_{IB} = 0$，称为"虚断"。

上述两个特性是分析理想运放应用电路的基本原则，可简化运放电路的计算。

1. 反相比例运算电路

电路如图 5.6.1 所示。对于理想运放，该电路的输出电压与输入电压之间的关系为

$$u_o = -\frac{R_F}{R_1} u_i$$

为了减小输入级偏置电流引起的运算误差，在同相输入端应接入平衡电阻 $R_2 = R_1 /\!/ R_F$。

2. 反相加法电路

电路如图 5.6.2 所示，输出电压与输入电压之间的关系为

$$u_o = -\left(\frac{R_F}{R_1} u_{i1} + \frac{R_F}{R_2} u_{i2}\right) \qquad\qquad R_3 = R_1 /\!/ R_2 /\!/ R_F$$

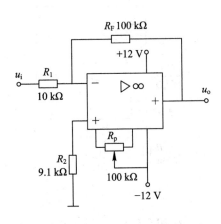

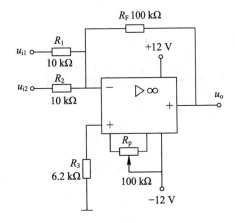

图 5.6.1　反相比例运算电路　　　　　　　图 5.6.2　反相加法运算电路

3. 同相比例运算电路

图 5.6.3(a) 是同相比例运算电路，它的输出电压与输入电压之间的关系为

$$u_o = \left(1 + \frac{R_F}{R_1}\right) u_i \qquad\qquad R_2 = R_1 /\!/ R_F$$

当 $R_1 \to \infty$ 时，$u_o = u_i$，即得到如图 5.6.3(b) 所示的电压跟随器。图中 $R_2 = R_F$，用以减小漂移和起保护作用。一般 R_F 取 10 kΩ，R_F 太小起不到保护作用，太大则影响跟随性。

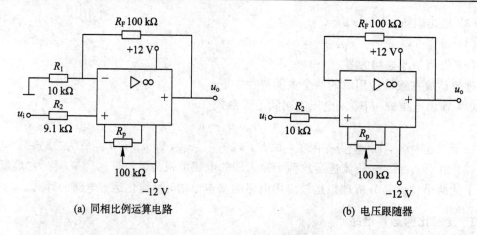

(a) 同相比例运算电路　　　　　　　　(b) 电压跟随器

图 5.6.3　同相比例运算电路

4. 差动放大电路(减法器)

对于图 5.6.4 所示的减法运算电路,当 $R_1 = R_2$, $R_3 = R_F$ 时,有如下关系式:

$$u_o = \frac{R_F}{R_1}(u_{i2} - u_{i1})$$

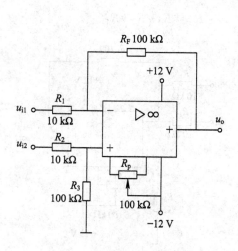

图 5.6.4　减法运算电路

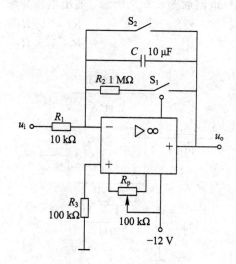

图 5.6.5　积分运算电路

5. 积分电路

反相积分电路如图 5.6.5 所示,在理想化条件下,输出电压 u_o 等于

$$u_o(t) = -\frac{1}{R_1 C}\int_0^t u_i \mathrm{d}t + u_C(0)$$

式中 $u_C(0)$ 是 $t = 0$ 时刻电容 C 两端的电压值,即初始值。

如果 $u_i(t)$ 是幅值为 E 的阶跃电压,并设 $u_C(0) = 0$,则

$$u_o(t) = -\frac{1}{R_1 C}\int_0^t E \mathrm{d}t = -\frac{E}{R_1 C}t$$

即输出电压 $u_o(t)$ 随时间增长而线性下降。显然，RC 的数值越大，达到给定的 u_o 值所需的时间就越长。积分输出电压所能达到的最大值受集成运放最大输出范围的限制。

在积分运算之前，首先应对运放调零。为了便于调节，将图 5.6.5 中 S_1 闭合，即通过电阻 R_2 的负反馈作用实现调零。但在完成调零后，应将 S_1 断开，以免因 R_2 的接入造成积分误差。S_2 的设置一方面为积分电容放电提供通路，同时可实现积分电容初始电压 $u_C(0)=0$，另一方面，可控制积分起始点，即在加入信号 u_i 后，只要 S_2 一断开，电容就将被恒流充电，电路开始进行积分运算。

五、实验步骤

1. 反相比例运算电路

（1）按图 5.6.1 连接实验电路，接通 $\pm 12\,V$ 电源，输入端对地短路，进行调零和消振。

（2）输入 $f=100\,Hz$，$U_i=0.5\,V$ 的正弦交流信号，测量相应的 u_o，并用示波器观察 u_o 和 u_i 的相位关系，记入表 5.6.2。

表 5.6.2　反向比例运算电路测量数据（$U_i=0.5\,V$，$f=100\,Hz$）

u_i/V	u_o/V	u_i 波形	u_o 波形	A_u	
				实测值	计算值

2. 同相比例运算电路

（1）按图 5.6.3(a) 连接实验电路。实验步骤同内容 1，将结果记入表 5.6.3。

（2）将图 5.6.3(a) 中的 R_1 断开，得到图 5.6.3(b) 所示电路，重复内容 1。

表 5.6.3　同相比例运算电路测量数据（$U_i=0.5\,V$，$f=100\,Hz$）

u_i/V	u_o/V	u_i 波形	u_o 波形	A_u	
				实测值	计算值

3. 反相加法运算电路

（1）按图 5.6.2 连接实验电路，并进行调零和消振。

（2）输入信号采用直流信号，实验时从 2 个 $-5\,V\sim+5\,V$ 的直流电源分别输入自拟的电压作为 U_{i1} 和 U_{i2} 输入信号，测量输出电压 U_o，分别填入表 5.6.4 中。

表 5.6.4　反向加法运算电路测量数据

U_{i1} /V					
U_{i2} /V					
U_o /V					

4. 减法运算电路

（1）按图 5.6.4 连接实验电路，并进行调零和消振。

（2）采用直流输入信号，实验步骤同内容 3，测量结果记入表 5.6.5。

表 5.6.5　减法运算电路测量数据

U_{i1} /V					
U_{i2} /V					
U_o /V					

5. 积分运算电路

实验电路如 5.6.5 所示。

（1）断开 S_2，闭合 S_1，对运放输出进行调零。

（2）调零完成后，再断开 S_1，闭合 S_2，使 $u_C(0)=0$。

（3）预先调好直流输入电压 $U_i=0.5\,V$，接入实验电路，再断开 S_2，然后用直流电压表测量输出电压 U_o，每隔 $5\,s$ 读一次 U_o，计入表 5.6.6 中，直到 U_o 不再继续明显增大为止。

表 5.6.6　积分运算电路测量数据

t/s	0	5	10	15	20	25	30	...
U_o /V								

六、实验数据处理

（1）根据测量结果绘制积分运算输出电压曲线，看看是否符合积分关系。

（2）将理论计算结果和实测数据相比较，分析产生误差的原因。

七、思考题

（1）运放电路如何进行调零和消振？

（2）实验电路中为什么要引入负反馈？

5.7　LC 正弦波振荡电路

一、实验应具备的基础知识

（1）掌握 LC 正弦波振荡电路的结构和工作原理。

（2）理解正弦波的产生和稳定过程。

二、实验目的

（1）掌握变压器反馈式 LC 正弦波振荡器的调整和测试方法。

（2）研究电路参数对 LC 振荡器起振条件及输出波形的影响。

三、实验仪器与设备

实验仪器与设备见表 5.7.1。

表 5.7.1　实验仪器与设备

序　号	名　称	数　量	型　号
1	模拟电子技术实验箱	1	
2	数字万用表	1	$VC8045$
3	数字示波器	1	$TDS1000C-EDU$
4	晶体管毫伏表	1	$LM2191$
5	频率计	1	$HC-F2600$

四、实验原理

LC 正弦波振荡器是用 L、C 元件组成选频网络的振荡器，一般用来产生 $1\,MHz$ 以上的高频正弦信号。根据 LC 调谐回路的不同连接方式，LC 正弦波振荡器又可分为变压器反馈式（或称互感耦合式）、电感三点式和电容三点式三种。图 5.7.1 为变压器反馈式 LC 正弦波振荡器的实验电路，其中晶体三极管 V_1 组成共射放大电路，变压器 Tr 的原绕组 L_1（振荡线圈）与电容 C 组成调谐回路，它既作为放大器的负载，又起选频作用，副绕组 L_2 为反馈线圈，L_3 为输出线圈。

该电路靠变压器原、副绕组同名端的正确连接（如图 5.7.1 所示）来满足自激振荡的相位条件，即满足正反馈条件。而振幅条件的满足，一是靠合理选择电路参数，使放大器建立合适的静态工作点；其次是改变线圈 L_2 的匝数，或它与 L_1 之间的耦合程度，以得到足够强的反馈量。稳幅作用是利用晶体管的非线性来实现的。由于 LC 并联谐振回路具有良好的选频作用，因此输出电压波形失真一般不大。

振荡器的振荡频率由谐振回路的电感和电容决定：

$$f = \frac{1}{2\pi\sqrt{LC}}$$

式中：L 为并联谐振回路的等效电感(考虑其他绕组的影响)。

振荡器的输出端增加一级射极跟随器，用以提高电路的带负载能力。

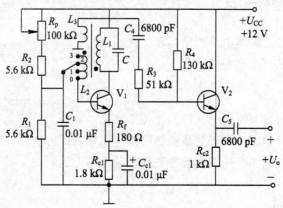

图 5.7.1　LC 正弦波振荡器实验电路

五、实验内容与步骤

按图 5.7.1 连接实验电路，电位器置阻值最大位置，振荡电路的输出端接示波器。

1. 静态工作点的调整

(1) 接通 $U_{CC} = +12 V$ 电源，调节电位器 R_P，使输出端得到不失真的正弦波形。如不起振，可改变 L_2 的首、末端位置，使之起振。测量振荡时两三极管各极的电压值及正弦波的有效值 U_o，记入表 5.7.2 中。

(2) 减小 R_P，观察输出波形出现明显失真，测量有关数据，记入表 5.7.2 中。

(3) 增大 R_P，使振荡波形刚刚消失，测量有关数据，记入表 5.7.2 中。

表 5.7.2　LC 正弦波振荡器静态工作点数据

	三极管	U_B/V	U_E/V	U_C/V	I_C/mA	u_o/V	u_o（波形）
R_P 居中	V_1						
	V_2						
R_P 小	V_1						
	V_2						
R_P 大	V_1						
	V_2						

根据以上三组数据,分析静态工作点对电路起振、输出波形幅度和失真的影响。

2. 观察反馈量大小对输出波形的影响

调节 R_p,在输出良好正弦波的情况下,分别置反馈线圈 L_2 于位置"0"(无反馈)、"1"(反馈量不足)、"2"(反馈量合适)、"3"(反馈量过强),测量相应的输出电压波形,记入表 5.7.3 中。

表 5.7.3　反馈量与输出波形关系

L_2 位置	"0"	"1"	"2"	"3"
u_o 波形				

3. 验证相位条件

改变线圈 L_2 的首、末端位置,观察停振现象;恢复 L_2 的正反馈接法,改变 L_1 的首、末端位置,观察停振现象。

4. 测量振荡频率

调节 R_p 使电路正常起振,同时用示波器和频率计测量回路谐振电容分别为 1000 pF 和 100 pF 两种情况下的振荡频率 f_0,记入表 5.7.4 中。

表 5.7.4　振 荡 频 率

C/pF	1000	100
f_0/kHz		

5. 观察谐振回路 Q 值对电路工作的影响

谐振回路两端并入 $R = 5.1\ k\Omega$ 的电阻,观察 R 并入前后振荡波形的变化情况。

六、实验数据处理

(1)整理实验数据,根据结果分析讨论:① LC 正弦波振荡器发生自激振荡的相位条件和幅值条件;② 电路参数对 LC 振荡器起振条件及输出波形的影响。

(2)讨论实验中出现的问题及解决方法。

七、思考题

(1)LC 振荡器是怎样进行稳幅的?在不影响起振的前提下,晶体管的集电极电流是大一些好?还是小一些好?

(2)在判断振荡器是否起振时,往往通过测量振荡电路中晶体管的 U_{BE} 来判断,为什么?

5.8 集成 TTL 门电路逻辑功能及参数测量

一、实验应具备的基础知识

了解 TTL 门电路的封装方式和基本特点，了解集成芯片引脚的识别方法，了解门电路的输入、输出电平值范围和各种参数，了解 TTL 门电路电压传输特性曲线的绘制方法。

二、实验目的

（1）理解集成 TTL、CMOS 门电路逻辑功能及参数测试的必要性。
（2）熟悉 TTL、CMOS 与非门的逻辑功能。
（3）掌握 TTL、CMOS 与非门电路的主要参数及其测试方法。

三、实验仪器与设备

实验仪器与设备见表 5.8.1。

表 5.8.1　实验仪器与设备

序　号	名　　称	数　量	型　号
1	数字电子技术实验箱	1	
2	数字万用表	1	$VC8045$
3	数字示波器	1	$TDS1000C-EDU$
4	直流稳压电源	1	

四、实验内容与步骤

（一）基础实验部分

1. 测试与非门的逻辑功能

门电路是组成数字电路的最基本的单元，包括与非门、与门、或门、或非门、与或非门、异或门、集电极开路与非门和三态门等。最常用的集成门电路有 TTL 和 CMOS 两大类。TTL 为晶体管—晶体管逻辑的简称，广泛应用于中小规模电路，功耗较大。

正逻辑的前提下，输入端只要一个为低电平，输出就为高电平。描述与非门的输入、输出关系可以用电压传输特性，从图 5.8.1 电压传输特性曲线上可以读出输出高电平

U_{OH}、输出低电平 U_{OL}、开门电平 U_{ON}、关门电平 U_{OFF} 等参数。实际门电路的 U_{OH} 和 U_{OL} 并不是恒定值,由于产品的分散性,每个门之间都有差异。在 TTL 电路中,常常规定高电平的标准值为 $3\,V$,低电平的标准值为 $0.2\,V$。从 $0\,V$ 到 $0.8\,V$ 都算作低电平,从 $2\,V$ 到 $5\,V$ 都算作高电平,超出这一范围是不允许的,因为这不仅会破坏电路的逻辑关系,而且还可能造成器件性能下降甚至损坏。

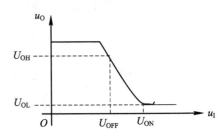

图 5.8.1 与非门电压传输特性曲线

图 5.8.1 中:

U_{OH}:指一个(或几个)输入端为低电平时输出的电平;

U_{OL}:指输入端全为高电平时输出的电平;

U_{ON}:在额定负载下得到规定的低电平,输入端应加的最小输入电平;

U_{OFF}:通常规定保证输出电压为标准高电平的条件下所允许的最大输入电平。

将 $74LS00$ 二输入端双与非门按缺口标志方向如图 5.8.2 所示放入实验箱多孔插座板上。输入端分别接不同的逻辑开关,输出端接发光二极管。改变逻辑开关,实现各输入端高、低电平的转换;用发光二极管观察输出端逻辑状态,并用万用表测出对应电平值。按照表 5.8.2 列出真值表,填写输出值并验证逻辑关系。

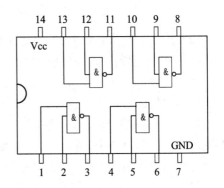

图 5.8.2 74LS00 引脚图

表 5.8.2 二输入与非门真值表

输入		输出
A	B	F
0	0	
0	1	
1	0	
1	0	

2. 与非门参数测量

(1) 低电平输出电源电流 I_{CCL} 和高电平输出电源电流 I_{CCH}。

I_{CCL} ——指所有输入端悬空,输出端空载时,电源提供给器件的电流。

I_{CCH} ——指每个门各有一个以上的输入端接地,其余输入端悬空,输出端空载时,电源提供给器件的电流。

通常:$I_{CCL} > I_{CCH}$,它们的大小标志着器件静态功耗的大小。器件的最大功耗为

$P_{CCL} = U_{CC}I_{CCL}$ 分别按图 5.8.3(a)、(b)接线，测量结果计入表 5.8.3。

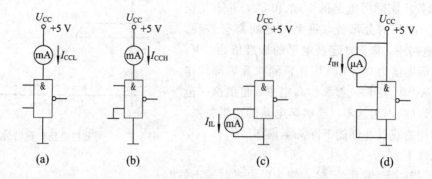

图 5.8.3 参数测试电路

（2）低电平输入电流 I_{IL} 和高电平输入电流 I_{IH}。

I_{IL}——指被测输入端接地，其余输入端悬空，输出端空载时，由被测输入端流出的电流。在多级门电路中，I_{IL} 相当于前级门输出低电平时，后级向前级门灌入的电流，因此它影响到前级门的灌电流负载能力，即影响到前级门电路带负载的个数，因此希望 I_{IL} 小些。

I_{IH}——指被测输入端接高电平，其余输入端接地，输出端空载时，流入被测输入端的电流。在多级门电路中，I_{IH} 相当于前级门输出高电平时，前级门的拉电流，其大小影响到前级门的拉电流负载能力，希望 I_{IH} 小些。由于 I_{IH} 较小，因此一般不测量。

按图 5.8.3(c)接线，测量结果计入表 5.8.3。

（3）扇出系数。

扇出系数 N_O 是指门电路能驱动同类门的个数，它是衡量门电路负载能力的一个参数。TTL 与非门有两种不同性质的负载，即灌电流负载和拉电流负载，因此有两种扇出系数 N_{OL} 和 N_{OH}，由于 $I_{IH} < I_{IL}$，故常以 N_{OL} 作为门电路的扇出系数。扇出系数表达式：$N_{OL} = I_{OL}/I_{IL}$，扇出系数的测试电路如图 5.8.4 所示，实验结果填入表 5.8.3。

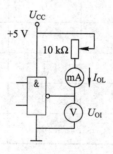

图 5.8.4 扇出系数的测试电路

表 5.8.3 参数测试结果

I_{CCL} /mA	I_{CCH} /mA	I_{IL} /mA	I_{OL} /mA	$N_O = I_{OL} / I_{IL}$

（4）电压传输特性。

电压传输特性：与非门输出电压随输入电压变化的曲线（$u_O = f(u_1)$）。通过它可读得门电路的一些重要参数，如输出高电平 U_{OH}、输出低电平 U_{OL}、关门电平 U_{OFF}、开门电平 U_{ON}、阈值电平 U_{TH} 等。测试电路如图 5.8.5 所示，采用逐点测试法，即调节 R_p，逐点测得 u_1 及 u_O，填写表 5.8.4，然后绘制曲线。

表 5.8.4　电压传输特性测试

U_1/V	0	0.3	0.5	0.7	0.9	0.95	1.05	1.1
U_O/V								
U_1/V	1.2	1.3	1.4	1.5	1.8	2.0	...	5
U_O/V								

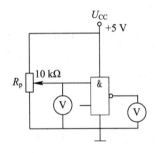

图 5.8.5　电压传输特性测试电路

(二)提高部分——CMOS 与非门的参数测试

1. 电压传输特性测试

电路如图 5.8.6 所示（注意 CMOS 多余端均不能悬空，包括用到的和没有用到的引脚），填写表 5.8.5。

表 5.8.5　电压传输特性测试

U_1/V	0	1.0	2.0	2.2	2.3	2.35	2.4	2.45
U_O/V								
U_1/V	2.50	2.55	2.6	2.8	3	3.2	...	5.0
U_O/V								

2. 传输时延的测试

用示波器显示输入、输出电压波形，如图 5.8.7 所示，计算传输时延。

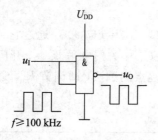

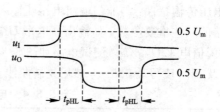

图 5.8.6　CMOS 门电路 t_{pd} 的测试电路　　　　图 5.8.7　传输时延 t_{pd}

五、实验数据处理

（1）记录、整理实验结果，并对结果进行分析，验证逻辑关系。

（2）画出实测的电压传输特性曲线，并从中读出各有关参数值（$U_{OH}(\min)$、$U_{OL}(\max)$、U_{OFF}、U_{ON}、阈值电压 U_{TH}）。

（3）查阅资料，熟悉 $74LS00$、$CD4011$ 的内部结构和工作原理，查阅相关参数并将其与实验测试的参数相比较。

六、思考题

（1）在普通模拟示波器上能否观察到传输延时时间？如果观察不到分析是什么原因。

（2）根据实测的扇出系数分析 TTL 门电路的扇出系数主要受哪个参数影响。

5.9　组合逻辑电路的设计

一、实验应具备的基础知识

熟练掌握中小规模集成芯片 $74LS86$、$74LS00$、$74LS10$ 等的引脚结构、功能表及使用方法，熟练掌握组合逻辑电路的功能特点和结构特点，熟练掌握中规模集成电路的分析与设计方法，会使用现代电路仿真工具如 $Multisim$ 软件。

二、实验目的

(1) 熟练掌握组合逻辑电路的设计方法。
(2) 熟练掌握组合逻辑电路的逻辑功能测试。
(3) 熟练使用 $Multisim$ 软件对该实验进行仿真并验证其逻辑功能。

三、实验仪器与设备

实验仪器与设备见表 5.9.1。

表 5.9.1　实验仪器与设备

序　号	名　　称	数　量	型　　号
1	数字电子技术实验箱	1	
2	数字万用表	1	$VC8045$
3	直流稳压电源	1	

四、实验原理及过程

1. 实验原理

用集成电路进行组合逻辑电路设计的一般步骤是：
(1) 根据设计要求，定义输入逻辑变量和输出逻辑变量，然后列出真值表；
(2) 利用卡诺图或公式法得出最简逻辑表达式，并根据设计要求所指定的门电路或选定的门电路，将最简逻辑表达式变换为与所指定门电路相应的形式；
(3) 画出逻辑图；
(4) 用逻辑门或组件构成实际电路，最后测试验证其逻辑功能。

2. 实验内容

(1) 用四 2 输入异或门($74LS86$)和四 2 输入与非门($74LS00$)设计一个一位全加器。

① 列出真值表，如表 5.9.2 所示。其中 A_i、B_i、C_i 分别为一个加数、另一个加数、低位向本位的进位；S_i、C_{i+1} 分别为本位和、本位向高位的进位。

表 5.9.2　全加器真值表

输　入			输　出	
A_i	B_i	C_i	S_i	C_{i+1}
0	0	0	0	0
0	0	1	1	0
0	1	0	1	0
0	1	1	0	1
1	0	0	1	0
1	0	1	0	1
1	1	0	0	1
1	1	1	1	1

② 由表 5.9.2 全加器真值表写出函数表达式：

$$C_{i+1} = A_i \bar{B_i} C_i + \bar{A_i} B_i C_i + A_i B_i \bar{C_i} + A_i B_i C_i$$

$$S_i = \bar{A_i} \bar{B_i} C_i + \bar{A_i} B_i \bar{C_i} + A_i \bar{B_i} \bar{C_i} + A_i B_i C_i$$

③ 将上面两逻辑表达式转换为能用四 2 输入异或门（74LS86）和四 2 输入与非门（74LS00）实现的表达式：

$$C_{i+1} = \overline{\overline{(A_i \oplus B_i)C_i} \cdot \overline{A_i B_i}} \qquad\qquad S_i = A_i \oplus B_i \oplus C_i$$

④ 画出逻辑电路图如图 5.9.1 所示，并在图中标明芯片引脚号。按图选择需要的集成电路及门电路连线，将 A_i、B_i、C_i 接逻辑开关，输出 S_i、C_{i+1} 接发光二极管。改变输入信号的状态验证真值表。

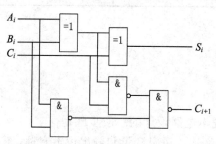

图 5.9.1　全加器逻辑图

（2）按照上面的步骤独立设计一个三人表决电路，表决的规则是少数服从多数。（请按照设计步骤独立完成，并用与非门 74LS00 和 74LS10 实现其逻辑功能）

五、实验数据处理

（1）画出实验电路连线示意图，分析实验现象和实验结果。

（2）按要求和步骤在实验箱上完成实验，并认真分析和记录（真值表、逻辑函数表达式、实验电路图、实验现象）。

（3）用 *Multisim* 软件对上述实验进行仿真并验证其逻辑功能。

（4）写出三人表决电路完整的推导过程并在实验中验证其逻辑功能。

六、思考题

（1）查阅资料并画出芯片 74LS86、74LS00、74LS10 的引脚图和功能表。

（2）一个逻辑电路，它的真值表具有唯一性吗？电路图和表达式是否也具有唯一性？就该实验举例说明。

5.10 译码器、显示器

一、实验应具备的基础知识

熟练掌握中小规模集成芯片 $CD4511$、共阴极七段数码管、共阳极七段数码管等的引脚结构、工作原理、功能表及使用方法，会使用现代电路仿真工具如 $Multisim$ 软件。

二、实验目的

（1）掌握译码器的定义、种类。

（2）熟练掌握 $CD4511$ 的引脚结构、逻辑功能测试。

（3）熟练测试共阴极七段数码管、共阳极七段数码管。

（4）熟练使用 $Multisim$ 软件对该实验进行仿真并验证其逻辑功能。

三、实验仪器与设备

实验仪器与设备见表 5.10.1。

表 5.10.1　实验仪器与设备

序　号	名　称	数　量	型　号
1	数字电子技术实验箱	1	
2	数字万用表	1	VC8045
3	直流稳压电源	1	

四、实验原理及过程

1. 七段数码管原理

七段数码管有时简称 LED 数码管，根据 LED 的接法不同分为共阴极和共阳极两类，不同类型的数码管除了硬件电路有差异外，编程方法也是不同的。图 5.10.1(a)是共阴和共阳极数码管的内部电路，它们的发光原理是一样的，只是电源极性不同而已。将多只 LED 的阴极连在一起即为共阴式，而将多只 LED 的阳极连在一起即为共阳式。

以共阴式为例，如把阴极接地，在相应段的阳极接上正电源，该段即会发光。当然，LED 的电流通常较小，一般均需在回路中接上限流电阻（560 Ω 左右）。假如将"b"和"c"

段接正电源，其他端接地或悬空，那么"b"和"c"段发光，此时，数码管显示将显示数字"1"；而若将"a"、"b"、"d"、"e"和"g"段都接正电源，其他引脚悬空，此时数码管将显示"2"。其他字符的显示原理类同。

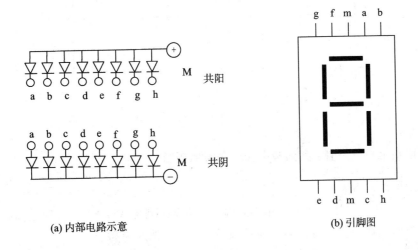

(a) 内部电路示意　　　　　　　　(b) 引脚图

图 5.10.1　七段数码管

2. 译码器原理

译码器是一个多输入、多输出的组合逻辑电路，译码器的逻辑功能是将每个输入的二进制代码译成对应的高、低电平输出信号，译码驱动原理如图 5.10.2 所示。译码器在数字系统中有广泛的用途，不仅用于代码的转换、终端的数字显示，还用于数据分配、存储器寻址和组合控制信号等。

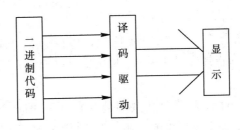

图 5.10.2　译码驱动原理图

译码器可分为通用译码器和显示译码器两大类。通用译码器又分为变量译码器和代码变换译码器。

变量译码器(又称二进制译码器)如 2/4 线、3/8 线、4/16 线译码器，n 个输入变量则有 2^n 个不同的组合状态。如图 5.10.3 的 2/4 译码器，两个输入得到四个输出。输入为 A、B，输出为 $A+B$、$A+\overline{B}$、$\overline{A}+B$、$\overline{A}+\overline{B}$，所用的 $74LS00$ 芯片为二输入与非门，输出为低电平有效。

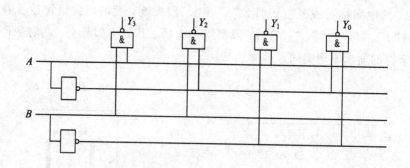

图 5.10.3　2/4 译码器原理图

3. 共阴极七段数码管、共阳极七段数码管的判断

1）用指针式万用表判断

（1）万用表最好采用 3 V 以上电池，因为 1.5 V 不够点亮 LED，特别是高亮、超高亮 LED 的点亮电压高。另外万用表挡位旋钮置于 $R \times 1$ 挡或最高挡。

（2）万用表红表笔接数码管任一脚，黑表笔依次在其他脚上扫过，如果均不发光，有可能此管为共阴，可用（3）法再试。如有一段点亮，黑表笔不动，移动红表笔，在其他脚测。如果其他脚分别都能点亮，则可以说明黑表笔接的是公共脚，此管共阳。（指针式万用表的黑表笔是正电源）

（3）两表笔调换位置，黑表笔先接数码管任一脚，扫红表笔。如有一段点亮，红表笔不动，扫黑表笔。如各段分别点亮，则红表笔所接为公共脚，此管共阴。

（4）如（2）、（3）两法均不亮，可能数码管额定电压较高，也可能数码管是坏的。这时，可用 5 V 电源串联一 500 Ω 电阻继续测试。

2）用数字式万用表判断

用二极管挡（标有二极管符号的，也作通路挡使用），方法同指针式万用表。不过，红表笔所对应的共阳、共阴和指针表是相反的，因为数字表的红表笔是正电源。

3）接电压法

在公共端接 560 Ω 的电阻，然后将公共端接电源（5 V）的负极，用电源的正极去触碰"a"、"b"、"c"、"d"等段，如果该段发光，则说明是共阴极数码管；如果此时数码管不亮，则有可能是共阳极数码管或者数码管损坏，交换电源的正负极，继续上述步骤，如果该段发光则说明该数码管为共阳极数码管。用这种方法不仅能区分数码管的共阴共阳极，还用于判断数码管的好坏，以及判断数码管的各引脚对应七段中的哪一段。

4. 验证 2/4 译码器功能

按照图 5.10.3 连接电路，A、B 输入端接逻辑开关，输出接发光二极管。按照表 5.10.2 记录结果。所用芯片为 74LS04、74LS00，74LS04 的引脚图如图 5.10.4 所示。

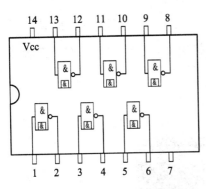

图 5.10.4　74LS04 引脚图

表 5.10.2　译码器输入输出状态表

输　入		输　　出			
A	B	Y_3	Y_2	Y_1	Y_0

5. CD4511 的逻辑功能测试

CD4511 是共阴极七段数码管专用的译码器,其功能表如表5.10.3所示。该实验的任务主要是验证 CD4511 的逻辑功能和数码管显示情况。

表 5.10.3　CD4511 的功能表

十进制或功能	输　入							输　出							字形
	LE	BL	LT	BA	BB	BC	BD	a	b	c	d	e	f	g	
0	L	H	H	L	L	L	L	H	H	H	H	H	H	L	0
1	L	H	H	L	L	L	H	L	H	H	L	L	L	L	1
2	L	H	H	L	L	H	L	H	H	L	H	H	L	H	2
3	L	H	H	L	L	H	H	H	H	H	H	L	L	H	3
4	L	H	H	L	H	L	L	L	H	H	L	L	H	H	4
5	L	H	H	L	H	L	H	H	L	H	H	L	H	H	5
6	L	H	H	L	H	H	L	L	L	H	H	H	H	H	6
7	L	H	H	L	H	H	H	H	H	H	L	L	L	L	7
8	L	H	H	H	L	L	L	H	H	H	H	H	H	H	8
9	L	H	H	H	L	L	H	H	H	H	L	L	H	H	9
10	L	H	H	H	L	H	L	L	L	L	L	L	L	L	熄灭
11	L	H	H	H	L	H	H	L	L	L	L	L	L	L	熄灭
12	L	H	H	H	H	L	L	L	L	L	L	L	L	L	熄灭
13	L	H	H	H	H	L	H	L	L	L	L	L	L	L	熄灭
14	L	H	H	H	H	H	L	L	L	L	L	L	L	L	熄灭
15	L	H	H	H	H	H	H	L	L	L	L	L	L	L	熄灭
灯测	×	×	×	×	×	×	×	H	H	H	H	H	H	H	×
灭	×	L	×	×	×	×	×	L	L	L	L	L	L	L	熄灭
锁	H	H	×	×	×	×	×								

6. 验证数码管显示情况

在面包板或者数电实验箱上按图 5.10.5 连接电路，然后对输入端和使能端按表 5.10.3 所示给予高、低电平，验证数码管显示的具体情况。

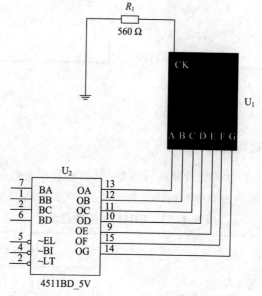

图 5.10.5　CD4511 与七段数码管连接电路图

五、实验数据处理

（1）画出实验电路连线示意图，分析实验现象和实验结果。

（2）按要求和步骤在实验箱上完成实验，并认真分析和记录（真值表、逻辑函数表达式、实验电路图、实验现象）。

（3）总结中规模集成电路的使用方法及功能。

（4）用 Multisim 软件对上述实验进行仿真并验证其逻辑功能。

（5）画出芯片 CD4511 和七段数码管的引脚图。

六、思考题

（1）总结 CD4511 的使用方法及功能。

（2）自己设计一个七段数码管显示译码电路，用逻辑门实现。

（3）如何很快地区分出共阴极数码管和共阳极数码管？

5.11　触发器及其相互转换

一、实验应具备的基础知识

了解 RS 触发器、D 触发器、JK 触发器、T 触发器和 T' 触发器的逻辑电路构成和工作原理，掌握各种触发器的输入、输出关系和触发方式，掌握不同触发器之间的转换方法。

二、实验目的

(1) 掌握基本 RS 触发器的构成、工作原理和功能测试方法。
(2) 掌握 D、JK 触发器的工作原理和功能测试方法。
(3) 学会正确使用触发器集成芯片。
(4) 了解不同逻辑功能触发器相互转换的方法。

三、实验仪器与设备

实验仪器与设备见表 5.11.1。

表 5.11.1　实验仪器与设备

序　号	名　　称	数　量	型　　号
1	数字电子技术实验箱	1	
2	数字万用表	1	VC8045
3	直流稳压电源	1	

四、实验内容

1. 基本 RS 触发器原理和功能测试

基本 RS 触发器分为与非门构成的和或非门构成的，前者为低电平有效，后者为高电平有效，功能基本一致。

1）与非门构成的基本 RS 触发器

将 74LS00 的两个与非门首尾相接构成基本 RS 触发器，如图 5.11.1 所示。

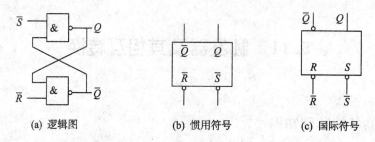

(a) 逻辑图　　　　　　(b) 惯用符号　　　　　　(c) 国际符号

图 5.11.1　与非门组成的基本 RS 触发器

按表 5.11.2 在输入端 S、R 加信号，观察并记录输出端 Q、Q 的状态，将结果填入表 5.11.2 中，并说明在上述各种输入状态下，触发器执行的是什么功能。

表 5.11.2　与非门组成的基本触发器功能表

$\bar{S}$	$\bar{R}$	Q	$\bar{Q}$	逻辑功能
0	1			
1	1			
1	0			
1	1			

表 5.11.2 填写完后分析其逻辑功能，验证实验的正确性。

可知：(1) 当 $\bar{R} = \bar{S} = 1$ 时，触发器保持原先的 1 或 0 状态不变，即稳定状态。

(2) $\bar{S} = 1$，$\bar{R} = 0$ 时，无论触发器原来处于什么状态，由于与非门"有低出高，全高出低"，则新状态一定为：Q 为 0 状态，$\bar{Q}$ 为 1 状态。

(3) $\bar{R} = 1$，$\bar{S} = 0$ 时，无论触发器原来处于什么状态，新状态一定为 $Q = 1$，$\bar{Q} = 0$。

(4) 当 $\bar{S}$、$\bar{R}$ 同时输入低电平，这时 $Q = \bar{Q} = 1$，尔后，若 $\bar{S}$、$\bar{R}$ 同时由低电平变为高电平，则 Q 的状态有可能为 1，也可能为 0，这取决于两个与非门的延时传输时间，这一状态对触发器来说是不正常的，在使用中应尽量避免。

2) 或非门组成的基本 RS 触发器（发挥部分，学生独立完成）

对于或非门组成基本 RS 锁存器，输入为高电平有效，如图 5.11.2 所示。请按照表 5.11.3 在输入端 S、R 加入高、低电平，观察并记录输出端 Q 和 $\bar{Q}$ 的高、低电平状态，分析其逻辑功能。

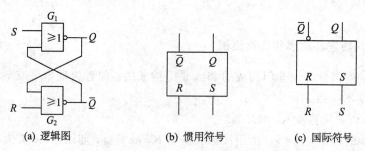

(a) 逻辑图　　　　　　(b) 惯用符号　　　　　　(c) 国际符号

图 5.11.2　或非门组成的基本触发器

表 5.11.3　或非门组成的基本触发器功能表

S	R	Q	$\bar{Q}$
0	0		
0	1		
1	0		
1	1		

由表 5.11.3 可知：

（1）$S=R=0$ 时，状态不变。

（2）$S=0$，$R=1$ 时，$Q=0$，$\bar{Q}=1$。

（3）$S=1$，$R=0$ 时，$Q=1$，$\bar{Q}=0$。

（4）S、R 均为高电平时，Q 和 $\bar{Q}$ 状态不定。这一状态对触发器来说也是不正常的，应尽量避免。

2. 触发器的功能测试

1）D 触发器

本实验采用的是上升沿触发的 74LS74 双 D 触发器，其状态方程为

$$Q^{n+1} = D^n$$

其输出状态的更新发生在 CP 脉冲的上升沿，故又称为上升沿触发的边沿触发器，触发器的状态只取决于时钟到来前 D 端的状态。D 触发器的应用很广，可用作数字信号的寄存、移位寄存、分频和波形发生等。有很多种型号可供各种用途的需要而选用，如双 D 触发器（74LS74、CC4013）、四 D 触发器（74LS175、CC4042）、六 D 触发器（74LS174、CC14174）、八 D 触发器（74LS374）等。

74LS74 双 D 触发器的外引脚排列如图 5.11.3 所示。

实验步骤如下：

（1）将 74LS74 芯片插入实验箱 IC 空插座中或者面包板上，按图 5.11.4 接线，其中 $1D$、$1\bar{R}_d$、$1\bar{S}_d$ 分别接逻辑开关，能产生高低电平，$1CP$ 接单次脉冲发生器，能产生上升边沿，输出 $1Q$ 和 $1\bar{Q}$ 接两只发光二极管，来验证输出是高电平还是低电平。V_{CC} 和 GND 接 5 V 电源和地。

（2）接通电源，按下列步骤验证 D 触发器功能，完成功能表 5.11.4。

① 置 $1\bar{R}_d=0$，$1\bar{S}_d=1$，则 $Q=0$，按动单次脉冲，Q 和 $\bar{Q}$ 状态不变，改变 $1D$，Q 和 $\bar{Q}$ 仍不变。

② 置 $1\bar{S}_d=0$，$1\bar{R}_d=1$，则 $Q=1$；按动单次脉冲或改变 $1D$，Q 和 $\bar{Q}$ 状态不变。

③ 置 $1\bar{S}_d=1$，$1\bar{R}_d=1$，若 $1D=1$，按动单次脉冲，则 $Q=1$；若 $1D=0$，按动单次脉

冲，则 $Q = 0$。

④ 把 1D 接到 K_1 的导线去除，而把 $\overline{Q}$ 和 1D 相连接，输入（按动）单次脉冲，Q 这时在脉冲上升沿时翻转，即 $Q^{n+1} = \overline{Q}^n$。

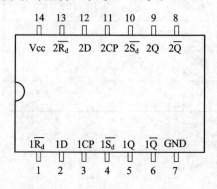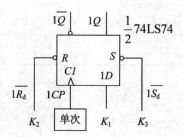

图 5.11.3　74LS74 外引脚排列图　　　图 5.11.4　D 触发器实验线路图

表 5.11.4　74LS74 双 D 触发器功能测试

$1\overline{R}_d$	$1\overline{S}_d$	$1D$	$1CP$	$1Q^n$	$1Q^{n+1}$	逻辑功能
0	1	0		0		
		1				
1	0	0		1		
		1				
1	1	0		0		
		1				
1	1	0		1		
		1		0		
1	1	$1D = 1\overline{Q}$		0		
				1		

2）JK 触发器

在输入信号为双端的情况下，JK 触发器是一种功能完善、使用灵活且通用性较强的触发器。本实验采用 74LS112 双 JK 触发器，是下降沿触发的边沿触发器。74LS112 双 JK 触发器的外引脚排列图如图 5.11.5 所示。JK 触发器状态方程为

$$Q = J\overline{Q}^n + \overline{K}Q^n$$

实验步骤如下：

将 74LS112 芯片插入实验箱 IC 空插座中，按图 5.11.6 接线，其中 $1\overline{R}_d$、$1\overline{S}_d$、$1J$、$1K$ 分别接四只逻辑开关，$1CP$ 接单次脉冲，要求能产生下降沿，$1Q$ 和 $\overline{1Q}$ 分别接发光二

极管，V_{CC} 和 GND 接 5 V 电源和地，按下面步骤完成功能表 5.11.5。

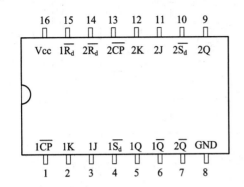

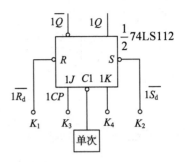

图 5.11.5　74LS112 双 JK 触发器外引脚排列图　　　图 5.11.6　JK 触发器实验线路图

表 5.11.5　74LS112 双 JK 触发器功能表

$1\bar{R}_d$	$1\bar{S}_d$	$1J$	$1K$	CP	Q^n	Q^{n+1}	逻辑功能
0	1	0	0				
		0	1				
		1	0				
		1	1				
1	0	0	0				
		0	1				
		1	0				
		1	1				
1	1	0	1	↑	0		
				↓	1		
1	1	1	0	↑	0		
				↓	1		
1	1	1	1	↑	0		
				↓	1		
1	1	0	0	↑	0		
				↓	1		

3）触发器的相互转换

在集成触发器的产品中，每一种触发器都有自己固定的逻辑功能，还可以利用转换的方法获得具有其他功能的触发器。例如 JK 触发器和 D 触发器可互相转换，如图 5.11.7 所示。

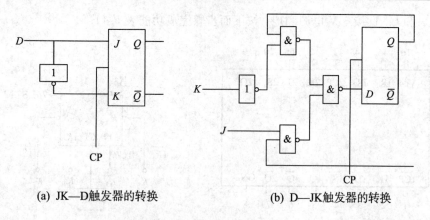

(a) JK—D触发器的转换　　　　　(b) D—JK触发器的转换

图 5.11.7　触发器的相互转换

五、实验数据处理

（1）按要求和步骤在实验箱上完成实验，并认真分析和记录，分析实验现象，得出结论。

（2）用 Multisim 软件对上述实验进行仿真并验证其逻辑功能。

六、思考题

（1）总结各种触发器的特点和功能。

（2）不同逻辑功能的触发器可以相互转换，请自己设计一个逻辑转换电路。

（3）如果在实验中发现触发器的输出始终为 0，试分析一下可能的原因。

5.12　555 集成定时器的应用

一、实验应具备的基础知识

　　了解 555 定时器的内部结构和工作原理，掌握 555 定时器构成单稳态触发器、多谐振荡器、施密特触发器的电路组成和工作过程，能够对 555 定时器进行简单的应用。

二、实验目的

　　(1) 熟悉 555 集成定时器的组成及工作原理。
　　(2) 掌握用 555 定时器构成单稳态电路、多谐振荡电路及施密特触发电路等。
　　(3) 进一步学习用示波器对波形进行定量分析，测量波形的周期、脉宽和幅值等。

三、实验仪器与设备

　　实验仪器与设备见表 5.12.1。

表 5.12.1　实验仪器与设备

序　号	名　　称	数　量	型　　号
1	数字电子技术实验箱	1	
2	数字万用表	1	VC8045
3	数字示波器	1	TDS1000C‑EDU
4	函数信号发生器	1	EE1410
5	直流稳压电源		

四、实验原理

　　555 定时器是一种集模拟、数字于一体的中规模集成电路，应用极为广泛。它不仅用于信号的产生和变换，还常用于控制与检测电路中。定时器有双极型和 CMOS 两种类型的产品，它们的结构及工作原理基本相同，没有本质区别。一般来说，双极型的驱动能力较强，电源电压范围较小，而 CMOS 型的电源电压范围大，驱动能力较弱，具有功耗低、输入阻抗高的优点。

　　555 定时器采用 DIP‑8 封装，体积小，使用方便。只要在外部配上几个适当的阻容元件，就可以构成施密特触发器、单稳态触发器及自激多谐振荡器等脉冲信号产生与变换电路。555 定时器广泛应用于家用电器、电子玩具、电子乐器、电子测量及自动控制等方面。

　　555 定时器的内部原理框图和外引脚排列图分别如图 5.12.1 和 5.12.2 所示。

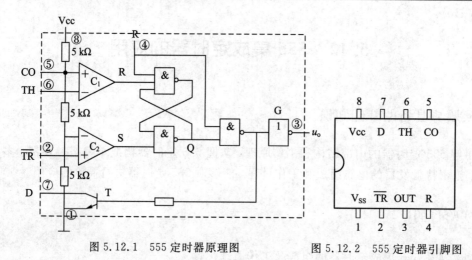

图 5.12.1　555 定时器原理图　　　　图 5.12.2　555 定时器引脚图

555 定时器的内部结构是由上、下两个电压比较器、三个 5 kΩ 电阻、一个 RS 触发器、一个放电三极管 T 以及缓冲器 G 组成。

比较器 C_1 的反相输入端⑤接到由三个 5 kΩ 电阻组成的分压网络的 $2/3V_{CC}$ 处，同相输入端⑥为阈值电压输入端。比较器 C_2 同相输入端接到分压电阻网络的 $1/3V_{CC}$ 处，反相输入端②为触发电压输入端，用来启动电路。

555 定时器的引脚功能如表 5.12.2 所示。两个比较器的输出控制 RS 触发器。当比较器 C_2 ②端的触发输入电压 $U_2 < 1/3V_{CC}$、比较器 C_1 ⑥端的阈值输入电压 $U_6 < 2/3V_{CC}$ 时，C_1 输出为 1，C_2 输出为 0，即 RS 触发器的 $S = 0$，$R = 1$，故触发器置位，$Q = 1$，所以放电三极管 T 截止。而当 $U_2 > 1/3V_{CC}$，$U_6 > 2/3V_{CC}$ 时，$S = 1$，$R = 0$，触发器被复位（置 0），$Q = 0$，放电三极管 T 导通。此外，RS 触发器还设有复位端 R（④端），当复位端处于低电平时，输出③为低电平。控制电压端⑤是比较器 C_1 的基准电压端，通过外接元件或电压源可改变控制端的电压值，即可改变比较器 C_1、C_2 的参考电压。不用时可将 C_1 的⑤端与地之间接一个 $0.01\ \mu F$ 的电容，可防止干扰电压引入。555 定时器的电源电压范围是 $+4.5 \sim +18\ V$，输出电流可达 $100 \sim 200\ mA$，能直接驱动小型电机、继电器和低阻抗扬声器。

表 5.12.2　555 定时器的引脚功能

输入		输入	输出	
阈值输入⑥	触发输入②	复位④	输出③	放电管 T⑦
×	×	0	0	导通
$< 2V_{CC}/3$	$< V_{CC}/3$	1	1	截止
$> 2V_{CC}/3$	$> V_{CC}/3$	1	0	导通
$< 2V_{CC}/3$	$> V_{CC}/3$	1	不变	不变

五、实验内容及步骤

1. 用 555 组成的施密特触发器

555 组成的施密特触发器如图 5.12.3 所示。利用函数信号发生器分别产生频率为

1 kHz，占空比为 50%，幅度为 5 V 的正弦波、三角波和方波，作为输入信号。用示波器观察不同波形输入时的输出情况。图 5.12.3 为接线电路图，输入为正弦波时输出的波形如图 5.12.4 所示。

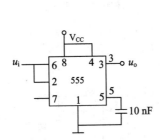

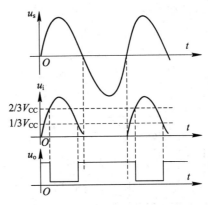

图 5.12.3　555 组成的施密特触发器电路　　　　图 5.12.4　555 组成的施密特触发器工作波形

2. 用 555 组成的单稳态触发器

图 5.12.5 所示为 555 组成的单稳态触发器，R、C 为外接元件，改变 R、C 的值即可改变输出脉冲的宽度，即改变定时或延时时间。触发信号用手动脉冲触发。555 组成的单稳态触发器工作波形如图 5.12.6 所示。

暂稳态的持续时间 t_w（即延时时间）取决于外接元件 R、C 的大小：$t_w = 1.1RC$。通过改变 R、C 的大小，可使延时时间在几微秒和几十分钟之间变化。当单稳态电路作为计时器时，可直接驱动小型继电器，并可采用复位端接地的方法来终止暂态，重新计时。

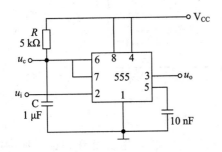

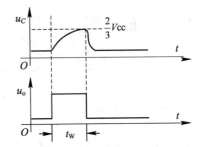

图 5.12.5　555 组成的单稳态触发器电路　　　　图 5.12.6　555 组成的单稳态触发器工作波形

用示波器观察单稳态触发器工作波形并填表 5.12.3。

表 5.12.3　单稳态触发器波形及参数

参数	$R=$	$C=$
u_i 波形		
u_o 波形		
u_C 波形		
延时时间	t_w 计算值：	t_w 测量值：

3. 用 555 定时器组成的多谐振荡器

由 555 构成的多谐振荡器电路如图 5.12.7 所示，R_1、R_2 和 C 为外接元件，改变 R_1、R_2 和 C 的值可改变矩形波的频率和脉冲宽度。电路没有稳态，仅存在两个暂稳态，电路亦不需要外接触发信号，利用电源通过 R_1、R_2 向 C 充电，以及 C 通过 R_2 向放电端放电，使电路产生振荡。555 构成的多谐振荡器工作波形如图 5.12.8 所示。

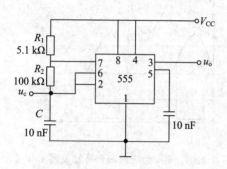

图 5.12.7 555 定时器组成的多谐振荡器

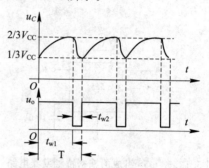

图 5.12.8 多谐振荡器的波形

多谐振荡器产生的脉冲波形的周期由下式决定：

$$T = t_{w1} + t_{w2} = 0.7(R_1 + 2R_2)C$$

用示波器观察多谐振荡器工作波形并填表 5.12.4。

表 5.12.4 多谐振荡器波形及参数

参数	$R_1 =$	$R_2 =$	$C =$
u_o 波形			
u_C 波形			
振荡周期	T 计算值：	T 测量值：	
脉冲宽度			

六、实验数据处理

(1) 认真记录和分析实验数据，分析实验现象得出结论，对实验数据和理论数据进行比较分析，分析误差原因。

(2) 绘制输入、输出波形进行对比，说明 555 定时电路的功能并分析其在实际中的应用。

七、思考题

(1) 总结施密特触发器、单稳态触发器、多谐振荡器的特点和功能。

(2) 如何用 555 定时器实现楼道延时熄灯电路？

5.13　组合逻辑电路综合实验

一、实验应具备的基础知识

掌握组合逻辑电路的设计方法，能够根据设计要求设定输入输出逻辑变量、列出逻辑状态表、写出逻辑表达式，会用公式法和卡诺图法对逻辑表达式进行化简，会用逻辑图表达输入输出逻辑关系并能用逻辑芯片实现。

二、实验目的

(1) 学习查阅器件手册，了解数字集成电路的使用方法。
(2) 掌握半加器、全加器的逻辑功能。
(3) 掌握用门电路构成组合逻辑电路的设计、组装和功能测试的基本方法。
(4) 熟悉加法器功能的测试方法。
(5) 学习查找和排除故障的方法。

三、实验仪器与设备

实验仪器与设备见表 5.13.1。

表 5.13.1　实验仪器与设备

序　号	名　称	数　量	型　号
1	数字电子技术实验箱	1	
2	数字万用表	1	VC8045
3	数字示波器	1	TDS1000C - EDU
4	函数信号发生器	1	EE1410
5	直流稳压电源		

四、实验原理

计算机中数的操作都是以二进制进位的，最基本的运算就是加法运算。加法运算分为半加运算和全加运算。

1. 半加器

半加运算只考虑两个加数相加，不考虑低位的进位信号。如表 5.13.2 所示，A_i、B_i

是两个加数，S_i 为本位和，C_i 为向高位的进位信号。

表 5.13.2　一位半加器的真值表

输入		输出	
A_i	B_i	S_i	C_i
0	0	0	0
0	1	1	0
1	0	1	0
1	1	0	1

根据表 5.13.2 便可写出逻辑函数表达式：

$$S_i = \overline{A_i}B_i + A_i\overline{B_i} = A_i \oplus B_i \qquad C_i = A_iB_i$$

2. 全加器

全加不但要考虑两个加数相加，还需要考虑低位的进位信号。一位全加器有三个输入、两个输出。"进位入" C_{i-1} 指的是低位向高位的进位输出，"进位出" C_i 即是本位的进位输出。

表 5.13.3　一位全加器的真值表

输入			输出	
C_{i-1}	B_i	A_i	S_i	C_i
0	0	0	0	0
0	0	1	1	0
0	1	0	1	0
0	1	1	0	1
1	0	0	1	0
1	0	1	0	1
1	1	0	0	1
1	1	1	1	1

根据表 5.13.3 便可写出逻辑函数表达式：

$$S_i = A_i\overline{B_i}\overline{C_{i-1}} + \overline{A_i}B_i\overline{C_{i-1}} + \overline{A_i}\overline{B_i}C_{i-1} + A_iB_iC_{i-1} = (A_i \oplus B_i) \oplus C_{i-1}$$

$$C_i = A_iB_i + A_iC_{i-1} + B_iC_{i-1} = A_i(B_i \oplus C_{i-1}) + B_iC_{i-1}$$

用中规模集成电路实现逻辑函数的要点是：先将函数化为最小项表达式(列其真值表)，再利用集成电路内部的逻辑关系，配接必需的外电路来实现此表达式。用中规模集成电路实现逻辑函数方法简便，使用灵活，线路简单，其应用日益广泛。

如全加器表达式：

$$S_i = A_i\overline{B_i}\overline{C_{i-1}} + \overline{A_i}B_i\overline{C_{i-1}} + \overline{A_i}\overline{B_i}C_{i-1} + A_iB_iC_{i-1} = \sum m(1,2,4,7)$$

五、实验内容及步骤

1. 用与非门设计全加器

（1）逻辑表达式。

$$S_i = A_i\overline{B_i}\,\overline{C_{i-1}} + \overline{A_i}B_i\overline{C_{i-1}} + \overline{A_i}\,\overline{B_i}C_{i-1} + A_iB_iC_{i-1}$$

$$= \overline{\overline{A_i\overline{B_i}\,\overline{C_{i-1}}}\,\overline{\overline{A_i}B_i\overline{C_{i-1}}}\,\overline{\overline{A_i}\,\overline{B_i}C_{i-1}}\,\overline{A_iB_iC_{i-1}}}$$

$$C_i = A_iB_i + A_iC_{i-1} + B_iC_{i-1} = \overline{\overline{A_iB_i}\,\overline{A_iC_{i-1}}\,\overline{B_iC_{i-1}}}$$

（2）芯片。

74LS04（六反相器）	1 片
74LS10（三 3 输入与非门）	2 片
74LS20（双 4 输入与非门）	1 片
74LS00（四 2 输入与非门）	1 片

实验电路图如图 5.13.1 所示

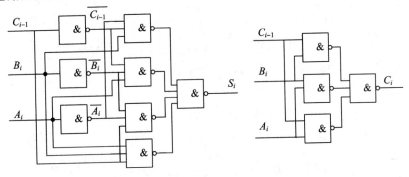

图 5.13.1　用与非门设计的全加器逻辑图

根据所设计的电路接线，按照全加器真值表验证设计的正确性，分析实验中出现的问题及解决的方法，并将实验测试结果记录在自拟的表格中。

2. 用 3 - 8 译码器 74LS138 实现全加器

（1）逻辑表达式。

$$S_i = A_i\overline{B_i}\,\overline{C_{i-1}} + \overline{A_i}B_i\overline{C_{i-1}} + \overline{A_i}\,\overline{B_i}C_{i-1} + A_iB_iC_{i-1}$$

$$= \overline{\overline{A_i\overline{B_i}\,\overline{C_{i-1}}}\,\overline{\overline{A_i}B_i\overline{C_{i-1}}}\,\overline{\overline{A_i}\,\overline{B_i}C_{i-1}}\,\overline{A_iB_iC_{i-1}}}$$

$$C_i = A_iB_i + A_iC_{i-1} + B_iC_{i-1} = A_iB_i\overline{C_{i-1}} + A_i\overline{B_i}C_{i-1} + \overline{A_i}B_iC_{i-1} + A_iB_iC_{i-1}$$

$$= \overline{\overline{A_iB_i\overline{C_{i-1}}}\,\overline{A_i\overline{B_i}C_{i-1}}\,\overline{\overline{A_i}B_iC_{i-1}}\,\overline{A_iB_iC_{i-1}}} = \overline{\overline{Y_3}\,\overline{Y_5}\,\overline{Y_6}\,\overline{Y_7}}$$

（2）芯片。

74LS138（3 - 8 译码器）	1 片
74LS20（双 4 输入与非门）	1 片

实验电路图如图 5.13.2 所示。

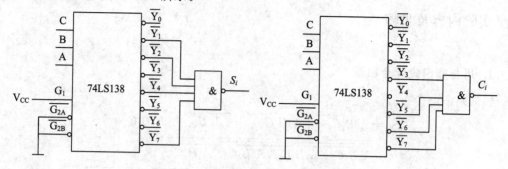

图 5.13.2　74LS138 实现全加器电路图

根据所设计的电路接线，按照全加器真值表验证设计的正确性，分析实验中出现的问题及解决的方法，并将实验测试结果记录在自拟的表格中。

3. 用 8 选 1 数据选择器 74LS151 实现全加器

（1）逻辑表达式。

$$S_i = A_i \overline{B_i C_{i-1}} + \overline{A_i} B_i \overline{C_{i-1}} + \overline{A_i B_i} C_{i-1} + A_i B_i C_{i-1}$$

$$= A \overline{B} \overline{C} D_1 + \overline{A} B \overline{C} D_2 + \overline{A} \overline{B} C D_4 + ABC D_7$$

$$= \overline{\overline{A \overline{B} \overline{C} D_1} \cdot \overline{\overline{A} B \overline{C} D_2} \cdot \overline{\overline{A} \overline{B} C D_4} \cdot \overline{AB \ \overline{C} D_7}}$$

（D_1、D_2、D_4、D_7 接高电平，其余接低电平）

$$C_i = A_i B_i + A_i C_{i-1} + B_i C_{i-1}$$

$$= A_i B_i \overline{C_{i-1}} + A_i \overline{B_i} C_{i-1} + \overline{A_i} B_i C_{i-1} + A_i B_i C_{i-1}$$

$$= AB \overline{C} D_3 + A \overline{B} C D_5 + \overline{A} BC D_6 + ABC D_7$$

$$= \overline{\overline{AB \overline{C} D_3} \cdot \overline{A \overline{B} C D_5} \cdot \overline{\overline{A} BC D_6} \cdot \overline{ABC D_7}}$$

（D_3、D_5、D_6、D_7 接高电平，其余接低电平）

（2）芯片。

74LS151（8 选 1 数据选择器）　　　　2 片

实验电路图如图 5.13.3 所示。

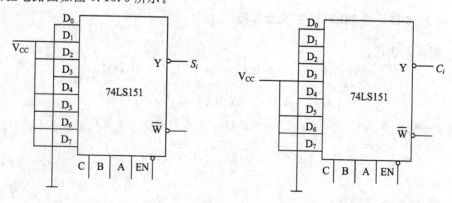

图 5.13.3　74LS151 实现全加器电路图

根据所设计的电路接线,按照全加器真值表验证设计的正确性,分析实验中出现的问题及解决的方法,并将实验测试结果记录在自拟的表格中。

4. 设计并组装一保险箱用数字代码锁电路

要求:开保险箱时,需输入 3 位代码,同时用该保险箱的钥匙开锁。若输入代码与事先设定的代码相同,而且钥匙正确,则锁被打开;如果代码不符,则电路将发出报警信号。

参考方框图如图 5.13.4 所示。

图 5.13.4　数字代码锁方框图

设 A_2、A_1、A_0 为设定代码,B_2、B_1、B_0 为输入代码。E 为钥匙孔信号,钥匙正确时为 1,错误时为 0。$Y_1 = 1$ 时,锁打开;$Y_2 = 1$ 时,则报警。

六、实验数据处理

(1) 分别用与非门、译码器 74LS138 和数据选择器 74LS151 实现全加器,画出实际电路图并写出设计过程和步骤。

(2) 记录并分析实验结果。

(3) 分析数字代码锁的具体工作原理。

七、思考题

(1) 用门电路和中规模集成电路实现逻辑函数有什么不同?

(2) 实验中可否用一片 74LS138 实现一位全加器?

(3) 用译码器和数据选择器实现组合逻辑函数有何不同?

(4) 发挥题:设计并组装一保险箱用数字代码锁电路,并要求密码可修改。试分析其原理,试用电路实现其功能。

5.14 移位寄存器

一、实验应具备的基础知识

了解移位寄存器的结构、原理和工作方法，了解移位寄存器根据输入、输出方式的分类方法，即串入并出、串入串出、并入串出、并入并出四种方式，掌握不同移位寄存器的移位触发方式，掌握移位寄存器输出数据的读取和显示方法。

二、实验目的

（1）掌握中规模 4 位双向移位寄存器 74LS194 的逻辑功能及使用方法。
（2）熟悉移位寄存器的应用——实现数据的串行、并行转换和构成环形计数器。

三、实验仪器与设备

实验仪器与设备见表 5.14.1。

表 5.14.1 实验仪器与设备

序　号	名　　称	数　量	型　号
1	数字电子技术实验箱	1	
2	数字万用表	1	VC8045
3	直流稳压电源	1	

四、实验原理及步骤

1. 移位寄存器工作原理

移位寄存器是具有移位功能的寄存器，是指寄存器中所存的代码能够在移位脉冲的作用下依次左移或右移。既能左移又能右移的称为双向移位寄存器，只需改变左、右移的控制信号便可实现双向移位要求。移位寄存器存取信息的方式有串入串出、串入并出、并入串出、并入并出四种。

本实验选用 4 位双向通用移位寄存器 74LS194，其逻辑符号及引脚排列如图 5.14.1所示。

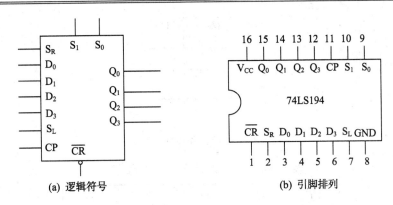

图 5.14.1 74LS194 的逻辑符号及引脚排列

其中 D_0、D_1、D_2、D_3 为并行输入端；Q_0、Q_1、Q_2、Q_3 为并行输出端；S_R 为右移串行输入端，S_L 为左移串行输入端；S_1、S_0 为操作模式控制端；$\overline{CR}$ 为直接无条件清零端；CP 为时钟脉冲输入端。S_1、S_0 和 $\overline{CR}$ 端的控制作用如表 5.14.2 所示。

74LS194 的操作模式为：并入、右移（方向由 $Q_0 \rightarrow Q_3$）、左移（方向由 $Q_3 \rightarrow Q_0$）、保持。

表 5.14.2 S_1、S_0 和 $\bar{C}_R$ 端的控制作用表

功能	输				入					输		出	
	CP	$\overline{CR}$	S_1	S_0	S_R	S_L	D_0	D_1	D_2	D_3	Q_0	Q_1	Q_2	Q_3
清除	$\times$	0	$\times$	$\times$	$\times$	$\times$	$\times$	$\times$	$\times$	$\times$	0	0	0	0
送数	$\uparrow$	1	1	1	$\times$	$\times$	a	b	c	d	a	b	c	d
右移	$\uparrow$	1	0	1	D_{SR}	$\times$	$\times$	$\times$	$\times$	$\times$	D_{SR}	Q_0	Q_1	Q_2
左移	$\uparrow$	1	1	0	$\times$	D_{SL}	$\times$	$\times$	$\times$	$\times$	Q_1	Q_2	Q_3	D_{SL}
保持	$\uparrow$	1	0	0	$\times$	$\times$	$\times$	$\times$	$\times$	$\times$	Q_0^n	Q_1^n	Q_2^n	Q_3^n
保持	$\downarrow$	1	$\times$	$\times$	$\times$	$\times$	$\times$	$\times$	$\times$	$\times$	Q_0^n	Q_1^n	Q_2^n	Q_3^n

2. 移位寄存器的应用

移位寄存器应用很广，可构成移位寄存器型计数器、顺序脉冲发生器、串行累加器，可用作数据转换，即把串行数据转换为并行数据，或把并行数据转换为串行数据等。本实验研究移位寄存器用作环形计数器和数据的串行—并行转换。

1) 环形计数器

把移位寄存器的输出反馈到它的串行输入端，就可以进行循环移位，如图 5.14.2 所示。把输出端 Q_3 和右移串行输入端 S_R 相连接，设初始状态 $Q_0 Q_1 Q_2 Q_3 = 1000$，则在时钟脉冲作用下 $Q_0 Q_1 Q_2 Q_3$ 将依次变为 $1000 \rightarrow 0100 \rightarrow 0010 \rightarrow 0001 \rightarrow \cdots\cdots$，如表 5.14.3 所示，可见它是一个具有四个有效状态的计数器，这种类型的计数器通常称为环形计数器。电路可以由各个输出端输出在时间上有先后顺序的脉冲，因此也可作为顺序脉冲发生器。

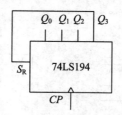

图 5.14.2　环形计数器

表 5.14.3　环形计数器的有效状态

CP	Q_0	Q_1	Q_2	Q_3
0	1	0	0	0
1	0	1	0	0
2	0	0	1	0
3	0	0	0	1

如果将输出 Q_0 与左移串行输入端 S_L 相连接，即实现左移循环移位。

2）**实现数据串行—并行转换**

以串行—并行转换为例，串行—并行转换是指串行输入的数码，经转换电路之后变换成并行输出。图 5.14.3 是用两片 74LS194（4 位双向移位寄存器）组成的七位串行—并行数据转换电路。

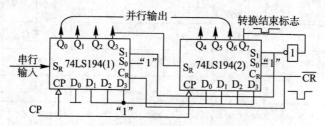

图 5.14.3　74LS194 组成的七位串行—并行数据转换电路

电路中 S_0 端接高电平 1，S_1 受 Q_7 控制，两片寄存器连接成串行输入右移工作模式。Q_7 是转换结束标志。当 $Q_7 = 1$ 时，S_1 为 0，使之成为 $S_1S_0 = 01$ 的串入右移工作方式；当 $Q_7 = 0$ 时，$S_1 = 1$，有 $S_1S_0 = 11$，则串行送数结束，标志着串行输入的数据已转换成并行输出。

串行—并行转换的具体过程如下：

转换前，$\overline{CR}$ 端加低电平，使 1、2 两片寄存器的内容清 0，此时 $S_1S_0 = 11$，寄存器执行并行输入工作方式。当第一个 CP 脉冲到来后，寄存器的输出状态 $Q_0 \sim Q_7$ 为 01111111，与此同时 S_1S_0 变为 01，转换电路变为执行串入右移工作方式，串行输入数据由 1 片的 S_R 端加入。随着 CP 脉冲的依次加入，输出状态的变化如表 5.14.4 所示。

由表 5.14.4 可见，右移操作七次之后，Q_7 变为 0，S_1S_0 又变为 11，说明串行输入结束。这时，串行输入的数据已经转换成并行输出了。当再来一个 CP 脉冲时，电路又重新执行一次并行输入，为第二组串行数据转换做好了准备。

表 5.14.4　CP 脉冲作用下输出状态的变化情况

CP	Q_0	Q_1	Q_2	Q_3	Q_4	Q_5	Q_6	Q_7	说明
0	0	0	0	0	0	0	0	0	清零
1	0	1	1	1	1	1	1	1	送数
2	d_0	0	1	1	1	1	1	1	
3	d_1	d_0	0	1	1	1	1	1	
4	d_2	d_1	d_0	0	1	1	1	1	右
5	d_3	d_2	d_1	d_0	0	1	1	1	移 操
6	d_4	d_3	d_2	d_1	d_0	0	1	1	作 七
7	d_5	d_4	d_3	d_2	d_1	d_0	0	1	次
8	d_6	d_5	d_4	d_3	d_2	d_1	d_0	0	
9	0	1	1	1	1	1	1	1	送数

五、实验内容

1. 环形计数器

自拟实验线路用并行送数法预置寄存器为某二进制数码（如 0100），然后进行右移循环，用发光二极管观察寄存器输出端状态的变化，记入表 5.14.5 中。

表 5.14.5　环形计数器输出状态表

CP	Q_0	Q_1	Q_2	Q_3
0				
1				
2				
3				
4				

2. 数据的串行—并行转换

按参考图 5.14.3 接线，进行右移串入、并出实验，串入数码自定；改接线路用左移方式实现并行输出。自拟表格，记录实验结果。

六、实验数据处理

（1）根据实验结果，画出 4 位环形计数器的状态转换图及波形图。

（2）分析串—并、并—串转换器所得结果的正确性，并以实验为例，画出其状态转换图及波形图。

七、思考题

（1）使寄存器清零，除采用 $\overline{CR}$ 输入低电平外，可否采用右移或左移的方法？可否使用并行送数法？若可行，如何进行操作？

（2）画出用两片 74LS194 构成的七位左移串行—并行转换器线路图。

（3）用 Multisim 软件对上述实验进行仿真并验证其逻辑功能。

5.15 计数器及其应用

一、实验应具备的基础知识

了解计数器的基本工作原理，能够用分立触发器设计简单的加、减法计数器。熟悉四位二进制计数器 74LS161(74HC161) 和二－五－十进制计数器 74LS390(74HCT390) 的功能和使用方法，能够设计允许范围内的任意进制计数器。

二、实验目的

(1) 熟练掌握中规模集成计数器的使用及功能测试方法。

(2) 熟练运用集成计数器构成 $1/N$ 分频器。

(3) 熟练使用 74LS161、74LS390 构成任意进制计数器。

三、实验仪器与设备

实验仪器与设备见表 5.15.1。

表 5.15.1 实验仪器与设备

序　号	名　　称	数　量	型　号
1	数字电子技术实验箱	1	
2	数字万用表	1	VC8045
3	直流稳压电源	1	

四、实验原理

计数器是用以实现计数功能的时序部件，它不仅可用来计脉冲数，还常用作数字系统的定时、分频和执行数字运算以及其他特定的逻辑功能。

计数器种类很多，按构成计数器的各触发器是否使用一个时钟脉冲源来分，有同步计数器和异步计数器；根据计数制的不同，分为二进制计数器、十进制计数器和任意进制计数器；根据计数的增减趋势，又分为加法、减法和可逆计数器；还有可预置数和可编程序功能计数器等。目前，无论是 TTL 还是 CMOS 集成电路，都有品种较齐全的中规模集成计数器。使用者只要借助于器件手册提供的功能表和工作波形图以及引出端的排列，就能正确地运用这些器件。

1. 用 JK 触发器构成异步二进制加/减计数器

图 5.15.1 中的加法计数器是用四只触发器构成的四位二进制异步加法计数器,它的连接特点是将低位 JK 触发器的 CP 端接 CP 脉冲,再将低位触发器的 Q 端和高一位的 CP 端连接。

若将图稍加改动,即将低位触发器的 $\overline{Q}$ 端与高一位的 CP 端相连接,即构成了一个四位二进制减法计数器,如图 5.15.2 所示。

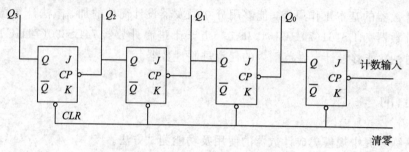

图 5.15.1　四位二进制加法计数器

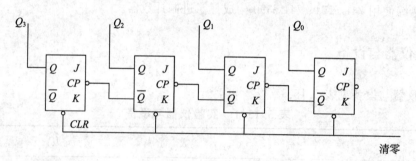

图 5.15.2　四位二进制减法计数器

2. 四位二进制计数器 74LS161

1) 74LS161 的引脚图和功能表

四位二进制计数器的引脚图如图 5.15.3 所示。功能表如表 5.15.2 所示。

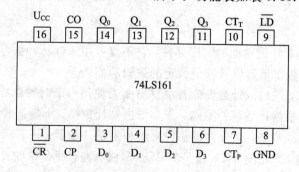

图 5.15.3　74LS161 的引脚图

表 5.15.2 74LS161 的功能表

输　入									输　出				
清零	预置	使能		时钟	预置数输入				计数				进位
$\overline{CR}$	$\overline{LD}$	CT_P	CT_T	CP	D_3	D_2	D_1	D_0	Q_3	Q_2	Q_1	Q_0	CO
L	×	×	×	×	×	×	×	×	L	L	L	L	L
H	L	×	×	↑	D_3	D_2	D_1	D_0	D_3	D_2	D_1	D_0	*
H	H	L	×	×	×	×	×	×	保持				*
H	H	×	L	×	×	×	×	×	保持				L
H	H	H	H	↑	×	×	×	×	计数				*

注：* 表示只有当 CT_T 为高电平且计数器状态为 HHHH 时输出为高电平，其余均为低电平。

2) 74LS161 功能验证

将 74LS161 芯片插入实验箱 IC 空插座中。D_0、D_1、D_2、D_3 接四位数据开关，Q_0、Q_1、Q_2、Q_3、CO 接五只发光二极管，置数控制端 $\overline{LD}$、清零端 $\overline{CR}$ 分别接逻辑开关，CT_P、CT_T 分别接另两只逻辑开关，CP 接单次脉冲。接线完毕，接通电源，进行 74LS161 功能验证。

(1) 清零：拨动 $\overline{CR}$ 的逻辑开关使 $\overline{CR}=0$，则输出 $Q_3Q_2Q_1Q_0$ 全为 0，即 LED 全灭。

(2) 置数：设数据开关 $D_3D_2D_1D_0=1010$，再拨动 $\overline{LD}$ 和 $\overline{CR}$ 的逻辑开关使 $\overline{LD}=0$，$\overline{CR}=1$，按动单次脉冲（应在上升沿时），输出 $Q_3Q_2Q_1Q_0=1010$，即 $Q_3Q_2Q_1Q_0$ 数据并行置入计数器中，若数据正确，再设置 $Q_3Q_2Q_1Q_0$ 为 0111，输入单次脉冲，观察输出正确否（$Q_3Q_2Q_1Q_0=0111$）。如不正确，则找出原因。

(3) 保持功能：置 $\overline{CR}=\overline{LD}=1$，$CT_T=0$ 或 $CT_P=0$，则计数器保持，此时若按动单次脉冲输入 $\overline{CP}$，计数器输出 $Q_3Q_2Q_1Q_0$ 不变（即 LED 状态不变）。

(4) 计数：置 $\overline{CR}=\overline{LD}=1$，$CT_T=CT_P=1$，则 74LS161 处于加法计数器状态。这时，可按动单次脉冲输入 $\overline{CP}$，LED 显示十六进制计数状态，即从 0000→0001→…1111 进行顺序计数，当计到计数器全为 1111 时，进位输出 LED 点亮（即 $CO=1$）。将 CP 接单次脉冲的导线去除，接至连续脉冲输出端，这时可看到二进制计数器连续翻转的情况。

十进制计数也可用 74LS161 方便地实现，方法是将 Q_3 和 Q_1 通过与非门反馈后接到 $\overline{CR}$ 端。利用此法，74LS161 可以构成模小于 16 的任意进制计数器。同步置数法就是利用 $\overline{LD}$ 端给一个零信号，使数据 $D_3D_2D_1D_0=0110$（即十进制数6）并行置入计数器中，然后以 6 为基值向上计数直至 15（共十个状态），即 0110→0111→1000→1001→1010→1011→1100→1101→1110→1111。所以利用 $(15)_{10}=(1111)_2$ 状态 CO 为 1 的特点，反相后接到 $\overline{LD}$，从而实现十进制计数器。同样道理，也可以从 0、1、2 等数值开始，再取中间十个状态为计数状态，取最终状态的"1"信号相与非后，作为 $\overline{LD}$ 的控制信号，就可实现十进制计数器。例如若 $D_3D_2D_1D_0=(0000)_2=0$，则计到 9；若 $D_3D_2D_1D_0=(0001)_2=1$，则计到 10，等等。

3. 中规模集成计数器 74LS390

1）74LS390 的引脚图和功能表

74LS390 是一个二—五—十进制计数器，引脚图如图 5.15.4 所示，功能表如表 5.15.3 所示。

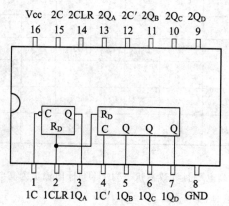

图 5.15.4　74LS390 引脚图

表 5.15.3　74LS390 功能表

计数顺序	连接方式 1(8421 码)				连接方式 2(5421 码)			
	Q_D	Q_C	Q_B	Q_A	Q_D	Q_C	Q_B	Q_A
0	0	0	0	0	0	0	0	0
1	0	0	0	1	0	0	0	1
2	0	0	1	0	0	0	1	0
3	0	0	1	1	0	0	1	1
4	0	1	0	0	0	1	0	0
5	0	1	0	1	1	0	0	0
6	0	1	1	0	1	0	0	1
7	0	1	1	1	1	0	1	0
8	1	0	0	0	1	0	1	1
9	1	0	0	1	1	1	0	0

74LS390 有两种连接方式：

连接方式 1：1C 接 CP 脉冲，$1Q_A$ 接 $1C'$，这时 $Q_DQ_CQ_BQ_A$ 输出的是 8421BCD 码；

连接方式 2：$1C'$ 接 CP 脉冲，$1Q_D$ 接 1C，这时 $Q_DQ_CQ_BQ_A$ 输出的是 5421BCD 码。

2）74LS390 功能验证

将 74LS390 芯片插入实验箱 IC 空插座中。$Q_DQ_CQ_BQ_A$ 接发光二极管，清零端 CLR 接逻辑开关，1C 或 $1C'$ 接单次脉冲。按图 5.15.5 连接电路，接线完毕接通电源，进行 74LS390 功能验证。

(1) 清零:拨动逻辑开关($CLR = 0$),则输出 $Q_3Q_2Q_1Q_0$ 全为 0,即 LED 全灭。

(2) 计数: $CLR = 1$, $1C$ 或 $1C'$ 接单次脉冲输入,则 74LS390 处于加法计数器状态。这时,可按动单次脉冲输入 CP ,LED 显示计数状态,分别采用连接方式 1 和连接方式 2,观察并记录发光二极管的计数规律是否满足 8421BCD 码和 5421BCD 码的规律。

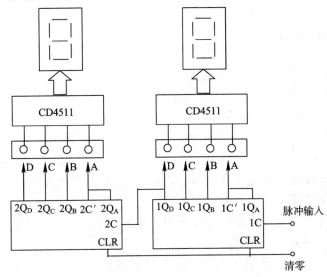

图 5.15.5　两位十进制计数译码显示电路

五、实验内容

(1) 在数电实验箱或者面包板上按要求验证 74LS161 的逻辑功能和计数规律,并自己填写其功能表。

(2) 在数电实验箱或者面包板上按要求验证 74LS390 的逻辑功能和计数规律,并自己填写其功能表。观察计数规律是否满足 8421BCD 码和 5421BCD 码的规律。

(3) 用 74LS161 和 74LS00,用清零法和置数法实现十进制计数器,观察并填写实验数据。

六、实验数据处理

(1) 按要求和步骤在实验箱上面完成实验并认真记录,分析实验现象得出结论。

(2) 总结各种锁存器、触发器的特点和功能。

(3) 用 Multisim 软件对上述实验进行仿真并验证其逻辑功能。

七、思考题

(1) 总结和归纳同步计数器和异步计数器的区别。

(2) 总结和归纳计数器的同步清零和异步清零的区别。

(3) 总结和归纳计数器的特点和功能。

5.16 555 定时器和 N 进制计数器

一、实验应具备的基础知识

掌握采用 555 定时器产生不同频率振荡波形的方法，会根据振荡频率计算相关的电阻、电容值，掌握用 74LS161 芯片构成 N 进制计数器的电路连接方法和七段数码管显示方法。

二、实验目的

（1）根据实验题目进行系统分析和设计，实现系统综合技能训练。

（2）熟练掌握相关芯片、元器件的使用。

（3）根据实验要求、实验线路的原理图和接线图，利用 555 定时器产生矩形波，实现十六进制计数功能，并用七段数码管显示。

（4）用二输入与非门自己制作 CP 脉冲，送入计数器中，观察计数情况。

三、实验仪器与设备

实验仪器与设备见表 5.16.1。

表 5.16.1　实验仪器与设备

序　号	名　　称	数　　量	型　　号
1	数字电子技术实验箱	1	
2	数字万用表	1	VC8045
3	直流稳压电源	1	

四、实验内容及要求

该实验涉及组合逻辑电路和时序逻辑电路，每个实验芯片的原理和功能不一一赘述，需要同学们提前查阅相关芯片资料。先用 555 定时器产生多谐振荡电路，输出的矩形波驱动计数器 74LS161，74LS161 计数输出通过译码然后在七段数码管进行显示。与非门组成的 RS 触发器可以产生较为稳定的手动脉冲信号。实验电路如图 5.16.1 所示。

实验要求：

（1）能正确使用相关仪器和元器件。

（2）熟练掌握用定时器产生矩形波并驱动计数器计数。

（3）掌握手动 CP 的原理和生成过程并驱动计数器计数。

（4）制作的实验电路能正确计数并且实现数码管显示。

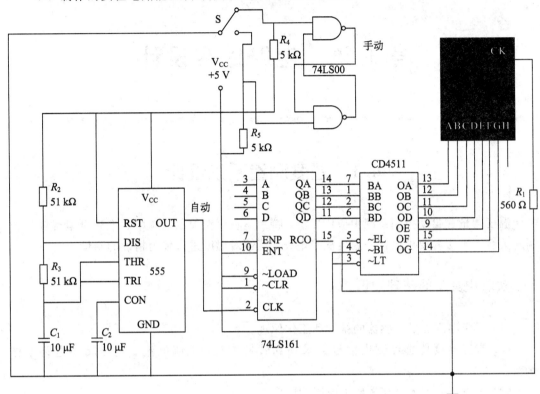

图 5.16.1　555 定时器与 74LS161 连接电路

五、实验数据处理

（1）绘制完整的芯片电路组装图（包括电源和地）。

（2）进行实验原理的简单分析。

（3）观察七段数码管的计数情况并记录结果。

（4）用 Multisim 软件对上述实验进行仿真并验证其逻辑功能。

六、思考题

（1）用 555 定时器产生的矩形波能正确计数且数码管显示正常后，把 74LS161 的 CP 输入端脉冲改用与非门产生的手动脉冲，单刀双掷开关上下拨动，观察数码管计数情况，分析两者之间的区别。

（2）74LS161 是上升沿触发还是下降沿触发？是同步计数器还是异步计数器？

（3）七段数码管是共阴极还是共阳极的？如何检测？

（4）改变 R_1、R_2、C_1 的值时数码管的计数频率会如何改变？其原因是什么？用公式定量地表示出来。

第6章　电路综合设计

6.1　温度测量系统设计

温度测量在自动控制系统中应用广泛，特别是在恒温控制系统中。准确测量温度是控制的关键。本实验要求设计一温度测量电路，能够对温度进行较为精确的测量。

一、实验应具备的基础知识

（1）了解温度测量传感器的结构和工作原理。

（2）掌握温度传感器输出信号的采集和转换方法，理解电流—电压转换电路工作原理。

（3）了解运算放大器比例放大电路的应用。

二、实验目的和要求

实验目的：

（1）了解温度传感器的测温原理和使用方法。

（2）掌握温度测量电路的设计和调试方法。

（3）掌握温度数据的转换和显示电路设计。

（4）掌握对模拟电子技术和数字电子技术知识的综合应用。

实验要求：

（1）设计温度测量电路，能够较为准确地测定温度值，测量温度误差范围±0.5℃。

（2）测量温度范围−10℃～＋60℃。

（3）七段数码管实时显示当前测量的温度值。

三、实验所需仪器及设备

（1）AD590温度传感器，LM324运算放大器，显示译码器，七段LED数码管。

（2）万用表，带正、负输出的直流稳压电源。

（3）电子技术实验箱以及根据设计选要求择的相关仪器。

（4）实验需要的其他相关设备。

四、实验建议方案

选用 AD590 作为温度传感器，通过把 AD590 的输出电流转换为电压，测量电压值，再根据 AD590 的输出电流和温度的关系，找出转换后电压和温度的关系，从而得到温度值。

1. AD590 简介

AD590 是单片集成的温度电流源传感器，其温度测量范围 $-55℃\sim+150℃$，测量精度 $\pm0.5℃$，整个量程范围内的线性误差小于 $\pm0.3℃$。在 $+4\sim+30\ \text{V}$ 的供电电压范围内，AD590 输出的电流和温度呈线性关系，温度每增加 $1℃$，电流增加 $1\ \mu\text{A}$。制造时按照开尔文温度标定，即在 $0℃$ 时，输出电流为 $273\ \mu\text{A}$，AD590 输出电流和摄氏温度 t 的关系为

$$I = (273 + t)\ \mu\text{A}$$

AD590 外形和引脚图如图 6.1.1 所示。

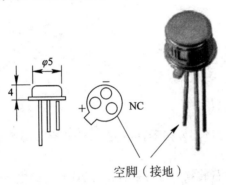

图 6.1.1　AD590 外形和引脚图

2. 电流—电压转换电路

AD590 在外加电压下根据不同的温度输出不同的电流值，但是电流参数不容易采集和处理，需要将电流值转换为电压值再进行采集和转换，最终得到相应的温度值。电流—电压转换可以采用串联电阻的方式，直接测量电阻两端的电压即可。但是 AD590 基于开尔文温度制造，测量摄氏温度时需要消除 $0℃$ 对应 $273\ \mu\text{A}$ 的偏差，可采用图 6.1.2 所示电路来消除 $0℃$ 电流偏差，再采用两级运算放大器来设计电流—电压转换电路，如图 6.1.3 所示。

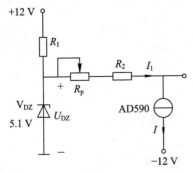

图 6.1.2　电流偏差消除电路

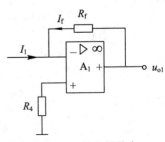

图 6.1.3　一级电压放大

由图 6.1.2 电路可知：

$$I_1 = U_{DZ}/(R_p + R_2)$$

$R_2 + R_p \approx 18.7 \text{ k}\Omega$，可选择 $R_2 = 15 \text{ k}\Omega$，R_p 用 5 kΩ 的多圈电位器。

I_1 用以抵消 273 μA 的偏移量。图 6.1.2 的输出端接运放 A_1 的反向输入端，运放 A_1 的反相输入虚地，其输出为

$$U_{o1} = I_f \times R_f = (I - I_1) \times R_f$$

输出电压是与摄氏温度成正比的电压量。选择 $R_{f1} = 10 \text{ k}\Omega$，温度每增加 1℃，$U_{o1}$ 增加 10 mV。

为更容易测量转换后的电压，满足电压转换当量为 100 mV/℃，可以增加一级放大倍数为 10 的同相运算放大电路。

温度显示电路需要将输出电压 u_o 进行模数转换，再利用七段数码管显示译码驱动芯片进行显示，同学们可以自行设计。

五、实验内容及步骤

学生根据前期做过的实验自主编排。

六、思考题

(1) 记录不同温度值(可以用发热器件改变 AD590 周边温度值，用温度计记录)对应的电压值。

(2) 对电压和温度值进行转换，看看是否符合 AD590 的电流—温度转换公式。分析误差产生原因。

6.2　广告彩灯控制系统设计

广告彩灯在大城市随处可见，用来吸引观众的同时也量化、美化城市。广告彩灯一般用不同颜色的发光二极管(LED)作为发光器件，辅以一定的控制电路即可实现不同顺序的亮暗变化，达到美轮美奂的效果。本实验项目要求学生设计一个模拟实际广告的流动彩灯控制电路。

一、实验应具备的基础知识

(1) 了解数字电路中的常用芯片如计数器芯片、译码器芯片等。
(2) 熟悉组合逻辑电路设计和数字逻辑电路设计过程。
(3) 掌握晶体管作为开关器件的应用。

二、实验目的和要求

实验目的：
(1) 加深对译码器、计数器、脉冲信号产生电路等集成电路的认识并熟练应用。
(2) 了解数字系统设计的基本思想和方法，学会科学地分析和解决问题。
(3) 实现对组合逻辑电路和数字逻辑电路综合设计能力的训练。
(4) 合理选择电子元器件，培养学生解决实际问题的能力。
实验要求：
有 16 只彩灯，红、绿、蓝、黄各 4 只，设计控制电路实现各彩灯按照如下方式点亮：
(1) 第一层 4 只红灯右移，每只灯点亮时间 0.6 s；
(2) 紧接着第二层 4 只绿灯右移，每只灯点亮时间 0.6 s；
(3) 紧接着第三层 4 只蓝灯右移，每只灯点亮时间 0.6 s；
(4) 紧接着第四层 4 只黄灯右移，每只灯点亮时间 0.6 s；
(5) 四层灯同时右移，每只灯点亮时间 1.5 s，再左移回来，每只灯点亮时间 1.5 s；
(6) 重复以上过程。

三、实验所需的仪器设备

(1) 万用表，直流电源，数字示波器。
(2) 模拟电子技术实验箱，数字电子技术实验箱。
(3) 面包板或插接电路板。
(4) 设计需要的其他相关设备。

四、实验建议方案

彩灯布置及共阴极接法如图 6.2.1 所示。

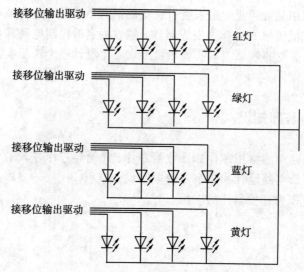

图 6.2.1　LED 布置及共阴极接法

总电路分为脉冲发生模块、计数(定时)模块、移位输出模块、LED 驱动模块四部分。

脉冲发生模块可以采用 555 定时电路作为多谐振荡器，根据灯亮时间设计多谐振荡器频率；计数(定时)模块可以采用 74LS390 或 74LS161 计数芯片，对 555 输出脉冲进行计数定时，并按时间要求给出移位脉冲输出驱动 LED；移位输出模块可以采用 74LS194 移位寄存器，8 个输出端连接 LED 驱动电路(也可直接连接 LED，电流较小，LED 较暗)，由移位输出控制不同的 LED 点亮；LED 驱动模块根据 LED 电流大小设计，设计三极管开关驱动电路。

电路框图如图 6.2.2 所示。

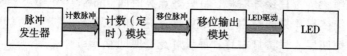

图 6.2.2　广告彩灯控制系统功能框图

五、实验步骤

学生根据前期做过的实验自主编排。

六、思考题

本实验采用 LED 模拟广告灯光，如果采用功率较大的 LED，如何设计驱动电路？

6.3　智力竞赛抢答器设计

各种智力竞赛在答题的过程中一般分为必答和抢答两种。必答有时间的限制，到时间要警告；而抢答则要求参赛者做好充分的准备，等主持人说完题目，参赛者开始抢答，谁先按钮，就由该参赛者答题。但往往很难确认谁先按钮，因此使用抢答器来完成这一功能是很有必要的。

一、实验应具备的基础知识

（1）了解组合逻辑电路和时序逻辑电路设计基础知识。

（2）了解常用集成电路的功能和基本应用方法。

（3）掌握扬声器驱动基本原理，定时计数器工作原理，七段数码管数字译码显示方法。

二、实验目的和要求

实验目的：

（1）掌握编码器、译码器和七段数码管显示的应用。

（2）掌握脉冲发生电路、信号锁存电路等数字集成电路的应用。

（3）熟悉组合逻辑电路和时序逻辑电路的设计方法，了解智能抢答器的结构组成和工作原理。

（4）合理选择电子元器件，培养学生解决实际问题的能力。

实验要求：

（1）设计 6 路抢答器电路，接通电源后，主持人按下"开始"按钮，抢答器工作，定时器倒计时。

（2）选手在定时时间内抢答时，抢答器完成：优先判断、编号锁存、编号显示、扬声器提示。当抢答按钮按下后，信号通过优先编码电路，从而封锁其他抢答通道的信号，通过译码电路后由七段数码管显示。并且，优先编码电路受扩展电路中的定时信号控制，当倒计时为 0，则封锁抢答电路，停止抢答。

（3）一轮抢答之后，定时器停止，禁止二次抢答，定时器显示剩余时间。如果再次抢答，必须由主持人操作"复位"开关后才能继续进行。

三、实验所需的仪器设备

（1）万用表，信号发生器，可调直流电源，数字示波器。

（2）模拟电子技术实验箱，数字电子技术实验箱。

（3）面包板或插接电路板。

（4）根据设计需要的其他相关设备。

四、实验建议方案

抢答电路采用优先编码器和触发器来实现。可以采用 D 触发器来实现按键信号锁存，该电路主要完成两个功能：一是分辨出选手按键的先后，并锁存优先抢答者的编号，同时译码显示电路显示编号（显示电路采用七段数码显示管）；二是禁止其他选手按键，其按键操作无效。

编号显示电路根据预置选手按键编号，采用显示译码器和七段数码管显示驱动电路，显示优先按键编号。

按键有效声音提示电路采用蜂鸣器作为声音提示元件，按键有效后加上直流电即可发出蜂鸣声音。为保证蜂鸣声音够大，不要用数字芯片驱动，可以设计电子开关电路实现电源直接驱动蜂鸣器；也可以使用扬声器作为声音提示器件，需要给出一定频率的波形信号扬声器才能发出声音，可以采用波形发生器来输出发声波形。

实验方案框图如图 6.3.1 所示。

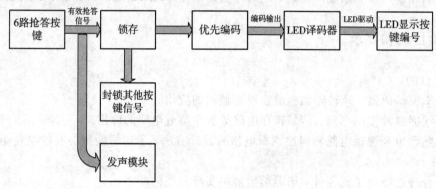

图 6.3.1　抢答器功能框图

五、实验步骤

学生自主设计。

六、思考题

假如两个或多个选手恰好同时按下抢答按钮，电路会出现什么情况？如何处理？

6.4　汽车转向灯控制电路

　　汽车灯光系统是汽车安全行驶的重要保障，能够提醒其他车辆和行人本车的行驶情况，避免误判出现交通事故。汽车转向灯是汽车灯光系统中的重要部分，在左转弯或右转弯时，通过转弯操作杆应使左转开关或右转开关合上，从而使左头灯、仪表板左转弯灯、左尾灯或右头灯、仪表板右转弯灯、右尾灯闪烁；合紧急开关时要求前面所述的 6 个信号灯全部闪烁。本实验设计一个汽车转向灯控制电路，模拟转向灯的工作过程。

一、实验应具备的基础知识

　　(1) 掌握模拟电路设计基本知识。
　　(2) 熟悉 555 定时器的常用电路。
　　(3) 掌握三极管开关电路的应用方法。

二、实验目的和要求

　　实验目的：
　　(1) 对电路设计进行综合训练，进一步加深对实用电路设计方法的理解。
　　(2) 了解汽车转向灯工作要求，利用所学的知识采用不同的方法实现。
　　(3) 合理选择电子元器件，培养学生利用所学知识解决实际问题的能力。
　　实验要求：
　　(1) 用双向开关模拟汽车转向灯控制杆，设置两个 LED 模拟转向灯，开关打向不同位置时，不同的 LED 点亮并闪烁，闪烁频率为 1 Hz；开关在中间时，两个 LED 都熄灭。
　　(2) 设有紧急按键开关，按下后两个 LED 同时闪烁，闪烁频率为 1 Hz。
　　(3) 转向灯闪烁的同时伴随"啪啪"的提示音，声音频率也为 1 Hz。

三、实验所需的仪器设备

　　(1) 万用表，可调直流电源，数字示波器。
　　(2) 模拟电子技术实验箱。
　　(3) 面包板或插接电路板。
　　(4) 设计需要的其他相关设备。

四、实验建议方案

　　(1) 双向开关模拟汽车转向灯控制杆，开关拨到一侧时，相应的灯给出闪烁信号，同时接通电容充放电电路给出约 1 Hz 的控制信号。

（2）采用555定时器输出频率为1 Hz的矩形波，控制三极管开关电路，驱动LED闪烁。

（3）采用集成语音芯片存储转向时的"啪啪"声，接通转向灯电路的同时触发声音播放电路，发出"啪啪"声。

电路框图如图6.4.1所示。

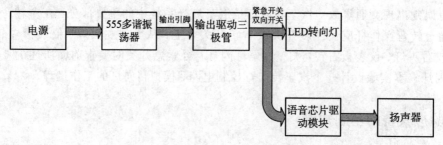

图 6.4.1 汽车转向灯电路功能框图

五、实验步骤

学生自主设计。

六、思考题

（1）本实验采用LED模拟转向灯，实际转向灯亮度要比小功率LED大，电流也较大，如何用555输出驱动？

（2）采用电容的充放电也可以实现一定的计时功能，如果采用电容、电阻电路来实现转向灯控制，同学们思考一下如何实现。

6.5　智能充电器设计

　　智能充电器在人们日常工作和生活中应用非常广泛，所有用到电池的地方几乎都需要充电器。电池充电的过程是通过可逆化学反应将电能转化成化学能，由于电池可以采用多种化学物质实现，因此，不同的电池其充电的方式也不一样。本实验要求设计一镍氢电池充电器电路，能够实现对电池的智能充电。

一、实验应具备的基础知识

　　（1）了解镍氢电池的结构和工作原理。
　　（2）熟悉整流电路和滤波电路的结构和工作原理。
　　（3）掌握电压比较器电路的结构和工作原理。
　　（4）掌握镍氢电池充电电流调节的原理和方法。
　　（5）合理选择电子元器件，培养学生解决实际问题的能力。

二、实验目的和要求

　　实验目的：
　　（1）了解桥式整流电路和滤波电路的原理和使用方法。
　　（2）掌握电压比较器电路的设计和调试方法。
　　（3）掌握镍氢电池充电电流调节的设计方法。
　　（4）掌握对模拟电子技术和数字电子技术知识的综合应用。
　　实验要求：
　　（1）充电器可实现对 1～5 号电池进行充电。
　　（2）充电电流调节范围为 30～450 mA。

三、实验所需仪器及设备

　　（1）TL431 并联稳压芯片，LM339 电压比较器，充电控制晶体管 8050。
　　（2）稳压二极管 1N4735，整流二极管 1N5401。
　　（3）万用表，示波器，直流稳压电源，面包板或插接电路板。
　　（4）电子技术实验箱以及根据设计需要选择的相关仪器。

四、实验方案建议

　　1）整流电路设计
　　整流电路可以采用整流二极管 1N5401 构成的桥式整流电路来实现，也可以采用集成整流桥来实现，稳压二极管 V_{DZ} 可选用1N4735，其实现电路如图6.5.1所示。桥式整流电路输出电压可选择为 9 V，$R_1 = 100\ \Omega$，$C_1 = 220\ \mu F$。

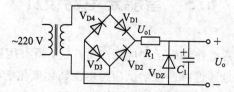

图 6.5.1　桥式整流电路

2）稳压电路设计

稳压电路可以采用 LM78、LM317、TL431 等串联型集成稳压电源实现，其实现电路如图6.5.2所示。一般单节镍氢电池充满电后电压约为 1.4 V，因此需要利用电阻进行分压得到 1.43 V 电压，可选择 $R_2 = 75\ \Omega$，$R_3 = 100\ \Omega$，$R_4 = 100\ \Omega$。

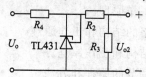

图 6.5.2　输出电压可调的稳压电路

3）充电控制电路设计

当电池两端的电压低于设定值 1.43 V 时，电压比较器 LM339 的同相输入端的电压高于反相输入端的电压，电压比较器的输出端呈开路状态，三极管 8050 导通对电池进行充电，充电电流的大小取决于限流电阻 R_7 的大小。随着充电的进行，当电池电压高于设定值 1.43 V 时，即电压比较器的反相输入端电压高于其同相输入端电压时，电压比较器的输出端呈导通状态，三极管 8050 截止，停止对电池充电。

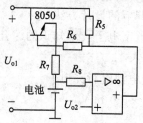

图 6.5.3　充电控制电路

五、实验内容及步骤

学生根据前期做过的实验自主编排。

六、思考题

（1）如果采用 LM317 芯片，如何设计所需稳压电路？

（2）当电池快要充满时，如果要实现对电池的小电流充电，充电控制电路如何修改？

6.6　家用电器电压保护器

在日常生活中，电冰箱、洗衣机、空调等家用电器都有其额定工作电压。若供电电压偏低，电器设备不能正常工作，甚至可能被烧毁；供电电压偏高，会影响电器设备的使用寿命，也可能烧毁电器设备。为了保护常用家庭电器设备，本实验要求设计一家用电器电压保护器，能够实现对家用电器的过压、欠压等保护。

一、实验应具备的基础知识

(1) 了解家用电器的结构和工作原理。
(2) 熟悉整流电路和滤波电路的结构和工作原理。
(3) 掌握电压检测的原理和方法。
(4) 掌握继电器的工作原理和控制方法。
(5) 熟悉声光报警电路的工作原理。

二、实验目的和要求

实验目的：
(1) 了解桥式整流电路和滤波电路的原理和使用方法。
(2) 掌握电压检测电路的设计和调试方法。
(3) 掌握继电器控制电路的设计方法。
(4) 熟悉声光报警电路的设计方法。
(5) 掌握对模拟电子技术和数字电子技术知识的综合应用。
实验要求：
(1) 当供电电压低于 180 V 或高于 250 V 时，家用电器电压保护器动作切断电源。
(2) 家用电器电压保护器切断电源后，能给出声光报警提醒。

三、实验所需仪器及设备

(1) LM7805 稳压芯片，LM7812 稳压芯片，晶体管 9013，整流二极管 1N5401，与非门 74LS00，稳压二极管，压电陶瓷片或扬声器，发光二极管。
(2) 万用表，示波器，面包板或插接电路板。
(3) 电子技术实验箱以及根据设计需要选择的相关仪器。

四、实验方案建议

1) 整流电路设计
整流电路可以采用整流二极管 1N5401 构成的桥式整流电路来实现，也可以采用集成整流桥来实现，稳压二极管 V_{DZ} 可选用1N4742，其实现电路如图6.6.1所示。

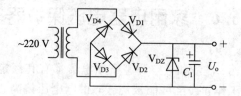

图 6.6.1 桥式整流电路

2）电压检测电路设计

常用的交流电压检测方法如下：首先将交流电转换为直流电，然后采用电压检测芯片、运算放大器、电阻、稳压二极管、压敏电阻等元件来检测。图 6.6.2 给出了采用电阻检测过电压、欠电压的基本原理图，$R_1 = R_2 = 50\ \text{k}\Omega$，$R_{p1} = R_{p2} = 100\ \text{k}\Omega$。当电压为180～250 V 时，$G_1$ 和 G_3 非门输出高电平；当电压低于 180 V 时，G_3 输出低电平；当电压高于 250 V 时，G_1 输出低电平。调整 R_{p1} 和 R_{p2} 的阻值，可设定保护器的上限电压和下限电压。

3）继电器控制电路设计

根据 G_1 和 G_3 门的检测结果，利用三极管和继电器组成保护电路，控制主电路电源的接通与断开，电路原理图如图6.6.3所示。

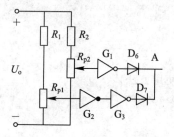

图 6.6.2 电压检测电路

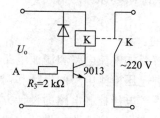

图 6.6.3 继电器控制电路

五、实验内容及步骤

学生根据前期做过的实验自主编排。

六、思考题

（1）如果采用高速集成电子开关 TWH8778，如何设计过压保护电路？

（2）如果采用电压比较器控制继电器动作，其电路该如何设计？

（3）如果采用 555 定时器控制继电器动作，其电路该如何设计？